洪涝灾害

自救互救一本通

侯精明　王娜　等　编著

中国水利水电出版社
www.waterpub.com.cn
·北京·

内 容 提 要

本书是一部宣传洪涝灾害自救互救知识，提高公民自救互救能力和科学文化素养的科普读物。内容包括洪涝灾害常识、国家和个人应对洪涝灾害措施及洪涝灾害中自救和互救的相关知识，并列举了自救互救的成功案例供借鉴。

全书主要以问答形式展现，图文并茂，通俗易懂，可供防洪减灾工作人员与潜在受灾群众，特别是具有防洪任务的政府部门进行参考阅读。同时，也可作为中学生、大学生的课外扩展读物及普通民众的日常科普读物。

图书在版编目（CIP）数据

洪涝灾害自救互救一本通 / 侯精明等编著. -- 北京：
中国水利水电出版社，2021.7
ISBN 978-7-5170-9699-3

Ⅰ．①洪… Ⅱ．①侯… Ⅲ．①水灾－自救互救 Ⅳ.
①P426.616

中国版本图书馆CIP数据核字(2021)第126291号

书　　名	洪涝灾害自救互救一本通 HONGLAO ZAIHAI ZIJIU HUJIU YI BEN TONG
作　　者	侯精明　王娜　等　编著
出版发行	中国水利水电出版社 （北京市海淀区玉渊潭南路1号D座　100038） 网址：www.waterpub.com.cn E-mail：sales@waterpub.com.cn 电话：（010）68367658（营销中心）
经　　售	北京科水图书销售中心（零售） 电话：（010）88383994、63202643、68545874 全国各地新华书店和相关出版物销售网点
排　　版	中国水利水电出版社微机排版中心
印　　刷	北京印匠彩色印刷有限公司
规　　格	170mm×240mm　16开本　9印张　117千字
版　　次	2021年7月第1版　2021年7月第1次印刷
印　　数	0001—2000册
定　　价	**58.00元**

序

　　本书是几位青年学者为社会公众撰写的科普读物，内容涉及洪涝灾害的基本常识与防范体系，社会公众应对洪涝灾害的基础知识，以及自救与互救的应会技能，并给出了一些成功的案例，力求通俗易懂，形象生动。

　　自然界中的洪水有山洪暴发、江河泛滥、暴雨内涝、融雪性洪水、凌汛与风暴潮等不同形式。各类洪水不仅有各自的分布区域，而且在发生早晚、涨落快慢、峰值高低、流速急缓、淹没深浅、历时长短、范围大小、频次疏繁等方面，也会表现出各自显著不同的统计特征。不同区域的人们对洪涝灾害往往有不同的体验、认知与经验积累，而去不同地方生活、工作或旅游时，还需要了解当地的洪涝特征与应对方式，以利于有备无患、临危不乱。

　　亚洲为受季风和台风双重影响的区域，降水年内分布不均、年际变幅很大，且高强度暴雨频发，易于引发不同量级的洪涝。21世纪前20年全球受洪涝灾害影响人口最多的前10个国家中，亚洲占有7个，而排在前两位的是中国和印度，这是孕灾环境与人类活动交互作用的结果。我国约960万平方千米国土面积中，扣除荒漠、海拔4千米以上高原与陡坡超过25°的山区，可居住面积仅有310万平方千米，其中受100年一遇洪水威胁的有76.8万平方千米，但其却是我国人口、城市、良田最为密集的区域。

在洪水风险区中求生存、谋发展，是我国的基本国情；与自然灾害相抗争，也是漫长历史进程中的一条主线。大禹治水、女娲补天、后羿射日、愚公移山等各种古老传说，无不渗透着中华民族自强不息、坚持不懈、百折不挠的优秀基因！由此形成了"善为国者必先除其五害""五害之属水为大"的治国理念，树立起"凡事预则立，不预则废"的忧患意识，造就了"一方有难，八方支援"的优良传统。

洪涝风险是永存的。21世纪以来，随着三峡、小浪底等一批控制性水利枢纽陆续建成，以及新一轮干堤达标加固大体完成，我国大江大河防洪能力有了显著提升。然而，受全球气候变暖与高速城镇化的影响，我国洪涝风险特征在发生着显著变化。城市洪涝灾害的影响呈加重趋势；中小河流的防洪治涝能力仍有待提升；山洪灾害防治、避免群死群伤的任务依然艰巨；蓄滞洪区及洲滩民垸随土地集约化运营规模日增，如何降低洪涝风险也面临新的难题。

防汛抗洪减灾，保障人民生命财产安全，不仅是政府及相关部门的职责，也是全体国民的义务。《中华人民共和国防洪法》第六条强调指出"任何单位和个人都有保护防洪工程设施和依法参加防汛抗洪的义务"，《中华人民共和国突发事件应对法》中也明文规定"公民、法人和其他组织有义务参与突发事件应对工作"。通过科学普及，让更多民众掌握一些有关洪涝灾害的基础常识与自救互救的基本技能，对于降低洪涝风险、增强应急处置能力，无疑是一项十分必要且很有意义的工作。

　　参与撰写本书的青年学者们，面对繁重的学习与科研任务，仍然愿意挤出时间，投入精力于防洪减灾的科普工作，其追求与精神是令人钦佩的！作者们在书稿撰写中，要收集、查阅大量资料，本身就是一个学习与提高的过程。相信他们在今后的学习与工作实践中，经验还会不断积累，认识还会不断深化，行稳致远，不断升华！

　　　　　　　　　　　《水利学报》主编　程晓陶

　　　　　　　　　　　　　　　　　2021年1月

前　言

　　有史以来，中华民族便与洪涝灾害进行着不懈抗争。约公元前22世纪，大禹通过"疏通水道"的方式成功治理了水患，一段时期内，人民不再因为水患而流离失所；公元前7年，贾让提出的《治河三策》，对后世治河产生了重大影响；公元69年，王景治理黄河，保黄河800年安澜，大大减小了洪水泛滥成灾的危害；1578—1580年，潘季驯主张通过"束水攻沙"的方式治理黄河、淮河、运河三河，并将治理经验整理为《河防一览》一书供后人借鉴学习。中华人民共和国成立（1949年10月1日）伊始，中央人民政府就提出通过工程措施兴修水利、防治水患，并有计划、有步骤地恢复发展防洪、灌溉、排水、防淤、水力、疏浚河道等水利事业；20世纪80年代以来，特别是1998年长江、松花江特大洪水事件之后，我国在继续加快防汛抗洪工程建设的同时，逐步强化非工程措施的发展。

　　近些年，我国虽已初步建成了工程措施和非工程措施相结合的防汛抗洪减灾体系，但大小洪涝灾害仍时有发生，对人民的生命和财产安全造成了严重威胁。2018年3月，中华人民共和国应急管理部成立，以防范化解重特大安全风险，整合优化应急力量和资源，提升防灾减灾能力，确保人民群众生命财产安全和社会稳定。为响应国家防灾减灾救灾工作的号召，并能够在洪涝灾害防治过程中贡献自己的一些所学，特编写《洪涝灾害自救互救一本通》一书，通过普及洪涝灾害常识及自救互救技能，以期提高人们的防洪减灾意识和能力。

《孙子·谋攻篇》中言"知己知彼，百战不殆"，意为在战乱纷争中，如果对敌我双方情况都能了解透彻，打起仗来就可立于不败之地，我们在面对洪涝灾害时亦是如此。本书是一部针对潜在受灾个体及灾害管理机构的科普读物，分为七个专题。前六个专题以问答的方式对洪涝灾害自救互救相关知识进行阐述，每个问题短小精悍、条目分明，并配有精美的插图帮助读者记忆。专题七中分别列举了3个自救成功案例和3个互救成功案例，以便加深读者对本书所介绍的自救互救技能的理解。

参加资料搜集和整理工作的除了作者外，还有西安理工大学水利水电学院硕士研究生张迪和张珂。西安工程大学侯辰蕊负责插图绘制工作，西安理工大学水利水电学院教授魏炳乾和教授张志昌负责书稿校核。同时，中国工程院院士胡春宏、中国水利水电科学研究院正高级工程师程晓陶和张大伟、陕西省防汛抗旱总指挥部总工程师陈文军、渭南市水务局主任李康平、渭南市防汛抗旱指挥部办公室负责人张利萍、应急救援与危险环境救治教官何昕、西安市秦安应急减灾服务中心主任安康、延安市水务局高级工程师韩会等对本书撰写工作也提供了大力支持，在此一并感谢！

因作者水平有限，书中错误与疏漏之处在所难免，敬请读者批评指正。

作者

2020年8月

目　录

专题二 国家应对洪涝灾害

专题三　个人应对洪涝灾害

专题四　洪水灾害中的自救

专题五　内涝灾害中的自救

专题六　洪涝灾害中的互救

专题七　成功案例

专题一　　洪涝灾害常识

1. 什么是洪水和洪水灾害?

洪水是暴雨、急骤冰雪融化、风暴潮和水库溃坝等自然或人为因素引起的江河湖库水量迅速增加、水位急聚上涨或海水侵袭淹没部分陆地的自然现象。单纯的洪水并不能造成灾

洪灾

害,比如:发生在无人区域的洪水是不会造成洪水灾害的,只有当洪水威胁到人类的生命安全和社会经济活动并造成损失时,才能称为洪水灾害。洪水灾害主要包括洪灾和涝灾。

2. 什么是洪灾和涝灾?

洪灾通常指河道洪水泛滥造成的损失(客水或外水损失);涝灾是指由于当地降雨积水不能及时排出造成的淹没损失(内水损失)。

涝灾

3. 洪涝灾害的一般性特点是什么?

洪涝灾害的一般性特点主要包括突发性、社会性、可防御性和利害两重性。

(1) 突发性。大多数洪涝灾害具有突发性特点,特别是强对流天气产生的局地暴雨、山洪暴发、江河决堤与水库垮坝等。

(2) 社会性。洪涝灾害,不仅会造成生命财产的巨大损失,而且还可能引起居民不同程度的心理动荡及社会动荡。

(3) 可防御性。通过洪水风险管理体系的建设,可以在一定程度上防御洪水,缩小其影响程度和范围。

(4) 利害两重性。雨洪具有利害两重性,利在于可作为水资源保障城乡用水,害在于高强度的降雨会积水成灾造成人员伤亡和财产损失。

4. 洪水的特征三要素是什么?

洪水的特征三要素包括洪峰流量、洪水总量、洪水总历时。

(1) 洪峰流量,是指在一次洪水过程中,某一个监测站的横断面通过的最大流量,单位为立方米每秒 (m³/s)。

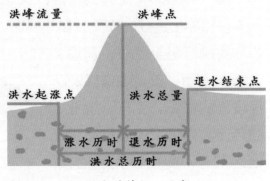

洪水的特征三要素

(2) 洪水总量,是指一次洪水过程中通过河道某一断面的总水量,单位为立方米 (m³)。

(3) 洪水总历时,是指河道某一断面的洪水从涨起到落平所经历的时间。

专题 一 洪涝灾害常识

3

5. 内涝灾害的特征三要素是什么？

内涝灾害的特征三要素

内涝灾害的特征三要素包括淹没面积、淹没水深、淹没时长。

（1）淹没面积，是指在一次内涝过程中，某个积水点某一时刻的积水总面积，单位为平方米（m^2）。

（2）淹没水深，是指一次内涝过程中某个积水点某一时刻的积水水深，单位为米（m），一般取最大淹没水深反应受淹的严重程度。

（3）淹没时长，是指在一次内涝过程中，某一个积水点从内涝发生到内涝结束所经历的时间，单位为小时（h）。

6. 什么是洪涝灾害造成的有形损失？

洪涝灾害损失一般分为两类。可以用货币计量的有形损失为第一类。有形损失又分为直接损失和间接损失。直接损失是指洪水淹没和冲击造成的损失，如农作物减产甚至绝收，房屋、设备、物资、交通和其他工程设施的损坏，工厂、企业、商店因灾停工、停业和防汛、抢险费等。间接损失是由直接损失而引起的损失，如农产品减产给农产品加工企业和轻工业造成的损失，交通设施冲毁，给工厂企业造成产品积压、原材料供应中断或运输绕道使费用增加所造成的损失等。

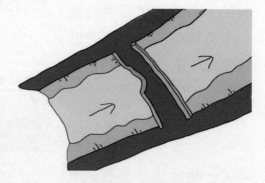

直接危害——冲毁桥梁

7. 什么是洪涝灾害造成的无形损失?

难以用货币计量的无形损失为第二类。无形损失又称非经济损失,如由于洪灾造成的生命伤亡、疫病、社会不安定、灾区文化古迹遭受破坏及文化教育和生态环境恶化等方面的损失。

无形损失——洪涝灾害造成生态环境恶化

8. 洪涝灾害的决定性因素有哪些?

洪涝灾害的决定性因素

洪涝灾害的决定性因素主要包括降雨因素和下垫面因素。

（1）降雨因素:降雨是造成洪涝灾害的主要决定性因素。降雨特性是成洪的主导因素,总雨量大、强度也大的暴雨,要比总雨量小、强度也小的暴雨产生的洪涝灾害大。

（2）下垫面因素:包括地形、地质、地貌、地表植被、土壤水分、河湖水系及流域面积等。另外,人类活动对下垫面的影响也间接地对洪涝灾害产生影响。

9. 洪水预警信号的分级有哪些?

洪水预警信号

我国洪水预警信号根据洪水量级及其发展趋势由低到高分为蓝色预警信号、黄色预警信号、橙色预警信号和红色预警信号。

10. 洪水预警信号的分级标准是什么?

我国洪水预警信号的分级标准如表1所示。

表1 我国洪水预警信号的分级标准

分级	标准（满足所列条件之一）
蓝色预警信号	（1）水位（流量）接近警戒水位（流量）； （2）洪水要素重现期接近5年
黄色预警信号	（1）水位（流量）达到或超过警戒水位（流量）； （2）洪水要素重现期达到或超过5年
橙色预警信号	（1）水位（流量）达到或超过保证水位（流量）； （2）洪水要素重现期达到或超过20年
红色预警信号	（1）水位（流量）达到或超过历史最高水位（最大流量）； （2）洪水要素重现期达到或超过50年

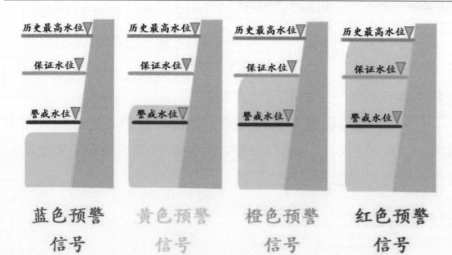

我国洪水预警信号分级标准

11. 暴雨预警信号的分级有哪些?

我国暴雨预警信号根据一段时间内的降雨量由低到高分为蓝色预警信号、黄色预警信号、橙色预警信号、红色预警信号。

暴雨预警信号

12. 暴雨预警信号的分级标准是什么?

我国暴雨预警信号的分级标准见表2。

表2 我国暴雨预警信号的分级标准

分级	标准
蓝色预警信号	12小时内降雨量将达50毫米以上,或者已达50毫米以上且降雨可能持续
黄色预警信号	6小时内降雨量将达50毫米以上,或者已达50毫米以上且降雨可能持续
橙色预警信号	3小时内降雨量将达50毫米以上,或者已达50毫米以上且降雨可能持续
红色预警信号	3小时内降雨量将达100毫米以上,或者已达到100毫米以上且降雨可能持续

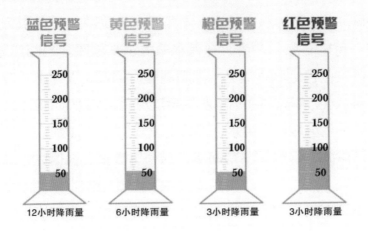

我国暴雨预警信号的分级标准(单位:毫米)

13. 什么是河流和流域？

河流是一种天然水体，河流是在一定地质和气候条件下形成的河槽与在其中流动的水流的总称。一条河流接受补给的区域，称为该河流的流域。我国境内有七大流域，分别为长江流域、黄河流域、淮河流域、海河流域、珠江流域、松辽流域和太湖流域。七大流域的水灾各有特点。

14. 长江流域洪涝灾害情况如何？

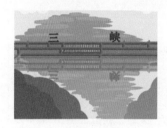
长江三峡

我国的第一大河——长江，全长约为6300千米，在世界大河中，仅次于非洲的尼罗河和南美洲的亚马孙河，居世界第三位。长江发源于唐古拉山主峰——各拉丹冬雪山，干流流经青海、西藏、四川、云南、重庆、湖北、湖南、江西、安徽、江苏、上海等11个省（自治区、直辖市），支流延至甘肃、陕西、贵州、河南、浙江、广西、福建、广东等8省（自治区）。

唐代至清代的约1300年间，长江流域共发生洪灾223次。在近500年间，发生特大水灾10次，发生大水灾58次。近代洪灾变得更加频繁，有愈演愈烈之势，并有水量大、水位高、范围广等特点。其洪涝重灾区包括洞庭湖区、鄱阳湖区、荆江、汉江中下游和皖北沿江一带。1954年、1998年发生全流域特大洪水。2016年长江中下游地区发生区域性大洪水，部分支流发生特大洪水。

长江以南地区降雨量常偏多，暴雨日数多、强度大、降雨持续时间长、范围广。一般年份汛期从中下游鄱阳湖水系桃汛开始，逐渐上移至中上游，虽然洪峰错开，但时间紧迫，也常遭遇叠加，造成洪涝双重灾害。

15. 黄河流域洪涝灾害情况如何？

黄河全长约为5464千米，为中国第二长河。黄河发源于青藏高原巴颜喀拉山北麓的约古宗列盆地，流经青海、四川、甘肃、宁夏、内蒙古、陕西、山西、河南、山东等9个省（自治区），在山东省东营市垦利区注入渤海。

黄河流域降雨量多集中于7—8月，暴雨强度大，河道宣泄不及时，致使常发生水灾。7世纪以后的14个世纪中，大约发生大水灾110次，且16、17、19三个世纪的大水灾尤多。即平均每4年就发生一次大水灾。

由于黄河下游河床的不断淤积和主槽的反复游荡，伏秋大汛虽然水量不是很大，但却决口频繁。春季河道解冻，造成冰坝，导致破坏力极强的凌汛，常需人工爆破疏导。

黄河壶口瀑布

16. 淮河流域洪涝灾害情况如何？

淮河位于长江与黄河两条大河之间，是中国中部的一条重要河流，由淮河水系和沂沭泗两大水系组成，流域面积约为30万平方千米，干支流斜铺密布在河南、湖北、安徽、江苏、山东5省。

1470—1949年的480年中，淮河流域共有368年发生洪涝灾害。其中，在1655年以前的黄河夺淮期间，以黄河洪水所造成的水灾为主。此后黄河北徙，淮河流域水灾则以本水系洪涝为主。1949—1991年，淮河流域平均每3年发生1次一般洪涝，每7年发生1次严重或极严重洪涝。而在1954年、1991年、2003年、2007年、2016年则发生了流域性大洪水。

淮河流域位居中纬度的气候过渡带，降水变率大成为其水旱频繁的关键自然条件之一。特别在1655年黄河南泛后，不仅抬高了淮河下游河床，还徙夺了淮河入海通道，造成中游比降过缓，支流汇流困难，而且淮河北面支流的淤积也加剧了洪灾的严重程度，以至1855年，黄河再改道北徙后，形成淮河后遗症。

黄河夺淮入海

17. 海河流域洪涝灾害情况如何?

海河流域是华北地区最大的水系。海河干流自天津金钢桥附近的三岔河口起，东至大沽口入渤海，其长度仅为73千米。但是，它却接纳了上游北运河、永定河、大清河、子牙河、南运河五大支流和300多条较大支流来水，构成了华北地区最大的水系——海河水系。

明清至民国的580多年中，海河有383年发生水灾。其中，流域性洪涝灾害24次，平均24年发生1次。1368—1643年有6次，平均46年1次;1644—1911年发生15次，平均18年1次;1912—1949年发生3次，平均12年1次。1546—1948年的403年间，洪水12次危害北京和天津。海河流域1963年遭历史上罕见的特大洪水。

海河流域属扇形分布，5条较短支流汇聚天津入海，极不利于防洪，还因黄河历次决口，巨量泥沙淤积，从南向北压迫海河南系。另外，该流域又是暴雨强度和变率最大的地区之一，且具有汇流集水时间短促等特点。

横跨在海河上的摩天轮

18. 珠江流域洪涝灾害情况如何？

珠江为西江、东江、北江及珠江三角洲上各条河流的总称，是中国第四大河，干流总长约为2320千米，流域面积为45.40万平方千米（其中极小部分在越南境内），地跨云南、贵州、广西、广东、湖南、江西省（自治区）以及香港、澳门特别行政区。

自元代至1949年的670年中有87年发生水灾，平均8年出现1次。其中清代268年中有45次水灾，平均6年出现1次，而民国的38年间有21次水灾，频率增加到1.8年1次。1949—2015年，每年平均有4~5个台风登陆或影响珠江流域。

珠江流域由西、东、北三江及珠江三角洲上各条河流构成，地区跨度大，多局部地区性洪灾。流域性洪灾以西江为重，主要威胁平原地区和珠江三角洲。本区域水灾与台风、风暴潮直接相关。台风往往挟带暴雨，潮水顶托也使洪水更难下泄。

珠江水系——黄果树瀑布

19. 松辽流域洪涝灾害情况如何？

松辽流域包括松花江流域和辽河流域。

松花江全长为1927千米，流域面积约为55.72万平方千米，占东北地区总面积的60%，地跨吉林、黑龙江两省。

辽河全长约为1345千米，流域面积约为21.9万平方千米，地跨河北、内蒙古、吉林、辽宁4省（自治区）。

1746—1985年的240年，松花江流域发生洪涝灾害104次，其中特大洪水15次。1998年和2013年松花江流域又发生了流域性特大洪水，在全国影响巨大。另外，凌汛也对松花江防洪构成重大威胁。该流域河堤线路长、堤身薄弱、防汛任务重等是其特点。而辽河流域近百年来，发生大小水灾50多次。

辽河水系——营口夕阳

松花江雪景

20. 太湖流域洪涝灾害情况如何？

太湖流域面积36900平方千米，行政区划包括江苏省苏南大部分地区，浙江省的湖州市、嘉兴市和杭州市的部分及上海市的大部分。

木渎古镇

自宋代以来，流域内平均二三年发生一次洪涝。1121—1993年洪涝灾害有370次，洪涝年平均发生率高达42.4%。太湖流域洪涝灾害通常是流域性的。如1931年、1954年、1962年、1963年、1983年、1991年、1993年、1998年、2016年等年份的洪涝灾害受淹面积均超过流域陆地总面积的10%、耕地总面积的15%。21世纪洪涝的威胁仍未减轻。

太湖流域洪涝灾害的形成和演变除了与充沛而集中的雨量和碟形洼地地势有关外，还与海平面的相对上升排水受顶托、长江三角洲的向海推进、冲积平原比降小、泄水不畅，以及每年汛期受长江、江南运河等水系高水位顶托排水不畅有关。台风暴雨也是致洪致涝的主要诱因。

21. 洪涝灾害引发的泥石流灾害有什么特性？

泥石流

当上游降雨量比较大，溪沟内的河流含沙量比往常明显增多，并伴随着巨石撞击声音；溪水夹杂着较多的杂物，并伴有异常臭味，这些现象往往预示着泥石流即将到来。

泥石流常常具有暴发突然、来势凶猛、迅速的特点，能瞬间将人和牲畜淹没冲走。

22. 洪涝灾害引发的滑坡灾害有什么特性?

在持续性强降雨的情况下，山体在雨水的侵蚀下变松垮，前部出现横向及纵向放射状裂缝，土体出现上隆（凸起）或坡体内堵塞多年的泉水复活的现象，这些现象往往预示着滑坡即将发生。滑坡能引起河道堵塞并直接对人及财产造成伤害。

滑坡

23. 洪涝灾害引发的堰塞湖地质灾害有什么特性?

堰塞湖

持续降雨情况下，溪沟水量明显增多，若此时下游沟谷水位突减甚至断流，可能是崩塌滑坡体堵死了水流，河床蓄水并形成了堰塞湖。堰塞湖所处位置地质状况极差，当存储水量达到一定程度就会演变成"溃堤"而暴发山洪，对下游地区有着毁灭性的破坏。

24. 面对洪涝灾害，为什么需要掌握自救互救技能？

　　洪涝灾害突发性的特点，增强了其应对的难度；其社会性的特点，造成了灾后损失的巨大性；但同时其具有可防御性的特点。

　　洪涝灾害自救互救是每一位公民都应该掌握的技能，只有这样，才能更好地配合救援人员对自己进行救助，也可以在救援人员未到达现场的时候提前开展自救互救工作，以降低生命和财产损失。

学习自救互救技能

25. 需要掌握哪些自救互救知识和技能？

我们需要掌握的自救互救知识和技能主要包括：

（1）国家如何应对洪涝灾害。

（2）个人如何应对洪涝灾害。

（3）洪水灾害中的自救。

（4）内涝灾害中的自救。

（5）洪涝灾害中的互救。

需要掌握的自救互救知识和技能

水模拟及灾害管理
Group of Water Simulation & Flood Management

专题二　　国家应对洪涝灾害

26. 我国防洪减灾保障体系有哪些？

　　我国的防洪减灾保障体系主要包括措施体系、政策体系、行政体系和社会辅助体系。措施体系是政策体系建设的出发点。政策体系是措施体系和行政体系建设的依据。行政体系是执行政策体系、建设措施体系的主体。

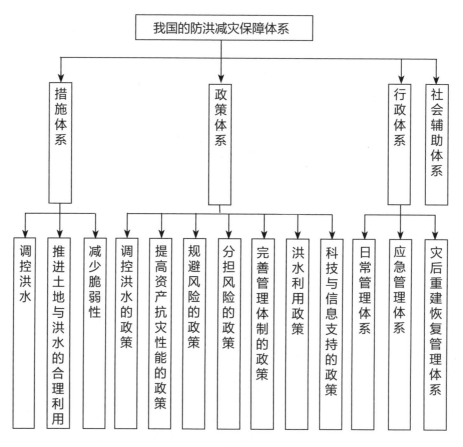

我国的防洪减灾保障体系

27. 什么是措施体系？

措施体系，主要是指为了达到防洪减灾的目标而采取的包括调控洪水、推进土地与洪水的合理利用，减少公众及社会面对洪水风险脆弱性的洪水管理措施。

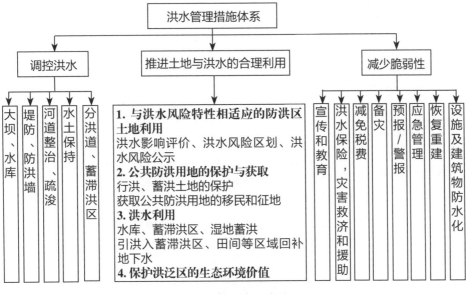

洪水管理措施体系

洪水管理措施体系

调控洪水：大坝、水库｜堤防、防洪墙｜河道整治、疏浚｜水土保持｜分洪道、蓄滞洪区

推进土地与洪水的合理利用：
1. 与洪水风险特性相适应的防洪区土地利用
洪水影响评价、洪水风险区划、洪水风险公示
2. 公共防洪用地的保护与获取
行洪、蓄洪土地的保护
获取公共防洪用地的移民和征地
3. 洪水利用
水库、蓄滞洪区、湿地蓄洪
引洪入蓄滞洪区、田间等区域回补地下水
4. 保护洪泛区的生态环境价值

减少脆弱性：宣传和教育｜洪水保险，灾害救济和援助｜减免税费｜备灾｜预报/警报｜应急管理｜恢复重建｜设施及建筑物防水化

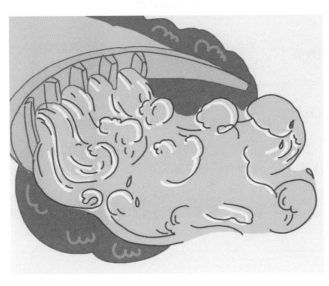

大坝调控洪水

28. 什么是政策体系?

防洪减灾属于公共事业范畴，公共事业需通过制定公共政策来推进。

公共政策是公共权力机关经由政治过程所选择和制定的解决公共问题、达成公共目标、实现公共利益的方案。公共政策的作用是规范和指导有关机构、团体或个人的行为，表达形式包括法律法规、行政规定或命令、国家领导人的指示、政府规划等。

我国防洪减灾政策体系

政策类型	具 体 政 策
调控洪水的政策	水土保持法，退耕还林、还草政策，防洪法，防洪规划，防洪标准规范，投资与费用分担政策
提高资产抗灾性能的政策	洪水风险区建筑物建设与设计规范，产业调整的资助与引导政策
规避风险的政策	洪水风险区划法规，洪水风险区土地利用法规和规划，土地获取和移民政策，洪水影响评价政策，洪水风险公示、宣传和教育政策，防洪预案
分担风险的政策	洪水保险法，灾害救济法，洪水风险转移补偿政策，灾后减税政策，灾害贷款政策，灾后重建政策
完善管理体制的政策	在有关法律法规中对防洪减灾管理机构授权，明确其职能；洪水管理决策规程；公众参与政策
洪水利用政策	湿地保护与修复政策，洪水资源利用法规与规划
科技与信息支持的政策	研究、技术开发与推广政策，信息共享，洪水知识宣传普及

29. 什么是行政体系?

防洪减灾行政体系主要由日常管理体系、应急管理体系和灾后重建恢复管理体系组成。

灾区后勤保障体系

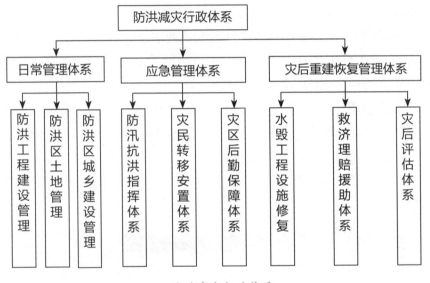

防洪减灾行政体系

30. 什么是社会辅助体系?

部分社会辅助体系单位

社会辅助体系包括参与防洪减灾体系建设的规划设计单位、建设单位、科研单位,以及在政策体系框架内采取防洪减灾行动的个人、企业和非政府组织等。

31. 我国洪涝灾害防灾减灾救灾工作流程是什么?

我国洪涝灾害防灾减灾救灾工作流程主要包括风险防范、监测预警、应急响应、救援安置和恢复重建等5个阶段。

风险防范:主要指国家各级管理人员及公众在洪涝灾害发生前的一些准备工作。

监测预警:主要指水利部门、气象部门分别对水情、工情、雨情的监测工作,当发现水情、工情、雨情等情况达到能够导致灾害发生的阈值时,向相关部门发出预警。

应急响应:主要指应急管理部接到水情、工情或雨情预警后,根据对灾情的初步研究判断,启动相应级别的应急预案,组织相关单位进行防灾减灾救灾的行动。

救援安置:主要指应急管理部在对水情、工情、雨情、灾情、险情及舆情等情况充分掌握的前提下,指挥各防灾减灾相关单位对受灾群众及其财产进行救助。

恢复重建:主要指在国家政府部门的领导下,启动灾后重建工作。

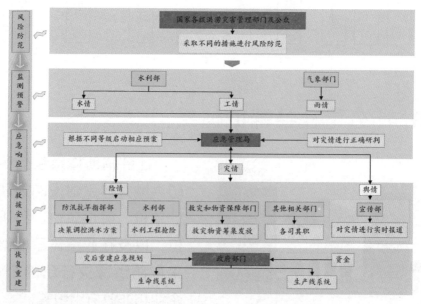

我国洪涝灾害防灾减灾救灾工作流程

32. 我国防灾减灾保障体系相关成员单位有哪些?

我国防灾减灾保障体系相关成员单位包括:

(1)应急管理部门。

(2)水务/水利部门。

(3)公安部门。

(4)住房城乡建设部门。

(5)河务部门。

(6)气象部门。

(7)自然资源部门。

(8)卫健部门。

(9)交通运输部门。

(10)宣传部门。

(11)教科部门。

(12)发展改革部门。

(13)农业农村部门。

(14)文化和旅游部门。

(15)供电分公司。

(16)通信部门。

(17)其他部门。

33. 应急管理部门在应对洪涝灾害中的职责是什么?

国家应急管理部门在应对洪涝灾害中的职责:

(1)编制应急总体预案和规划,指导各部门应对突发事件。

(2)编制《洪涝灾害救灾安置工作方案》,并组织实施。

(3)及时统计灾情并统一发布。

(4)统筹应急力量建设和物资储备。

(5)指导洪涝灾害防治。

编制洪涝灾害防御预案

34. 水务/水利部门在应对洪涝灾害中的职责是什么？

水务／水利部门在应对洪涝灾害中的职责是：

（1）编制《重要江河湖泊和重要水利工程的防御洪水及应急水量调度方案》《干旱灾害防治规划》，按程序报批并组织实施。

（2）承担水情灾情监测预警任务。

（3）负责水毁修复和除险加固工程建设任务。

（4）负责落实防汛指挥部下达的防汛物资储备任务。

（5）落实一定人数的镇（办）防汛技术人员，承担防御洪水应急抢险的技术支撑工作。

（6）负责堤防出现一般和较大险情时抢险方案的制订和抢险现场的技术指导工作。

（7）负责库区各排水站的维护工作，一旦库区遭遇洪水，负责对淹没区域的积水进行抽排。

（8）负责区管水库汛期防汛抢险组织协调工作。

水情监测

35. 公安部门在应对洪涝灾害中的职责是什么?

公安部门在应对洪涝灾害中的职责是:

（1）汛前负责编制汛期库区戒严、安全保卫、车辆调度方案，报防汛部门备案。

（2）负责组建一定人数的水上救生分队，承担被洪水淹没群众的避险救生工作。

（3）负责组建一定人数的治安保卫应急分队，承担对汛期各类突发事件的处置工作。

（4）负责防汛应急车辆的调度，调集工作。

（5）负责防汛抢险、救灾、撤退道路的警戒、疏导工作。

（6）对重要路段非常时期实行交通管制，确保抢险救灾车辆安全通行。

公安部门确保抢险救灾车辆安全通行

36. 住房城乡建设部门在应对洪涝灾害中的职责是什么?

住房城乡建设部门在应对洪涝灾害中的职责是:

（1）负责城区防汛指挥部日常工作，对城区防汛、防内涝工作负总责。

（2）汛前编制城区防汛预案，报防汛部门备案。

（3）负责在城区遭遇不同量级洪水时，在重要路段设防线，确保城区安全。

（4）组建一定人数的城区防汛抢险队，登记注册。

（5）负责排污渠及河段抢险工作。

（6）完成城区防汛部门下达的物料储备及抽排水任务。

（7）落实具体技术员负责城区抢险技术指导。

住房城乡建设部门城市内涝抽排水任务

37. 河务部门在应对洪涝灾害中的职责是什么?

河务部门在应对洪涝灾害中的职责是:

(1)负责河大堤建设管理维护、安全运行,编制河流防汛技术预案,报防汛办备案。

(2)负责河大堤防汛抢险的技术指导,河流控导工程的防汛抢险工作。

(3)为防汛部门抢险救灾安置指挥部提供河流雨情、水情和洪水跟踪监测信息,抢险技术指导。

(4)按照防汛抢险救灾安置部门下达的任务足额、足种类储备并负责物料的运输供应,储备物料必须定点堆放在大堤上各个护堤房内。

(5)负责河流清障及河流大堤巡堤照明设施的管护使用。

清理河道

38. 气象部门在应对洪涝灾害中的职责是什么?

气象部门在应对洪涝灾害中的职责是:

（1）及时向防汛指挥部门提供中期、长期、短时和实时天气预报及降雨实时预报，提前预报降雨对上下游可能造成的影响，为指挥部决策提供科学依据。

（2）抗洪期间要根据实际，配合防汛指挥部门及时发布气象情况通报。

发送气象信息

39. 自然资源部门在应对洪涝灾害中的职责是什么？

自然资源部门在应对洪涝灾害中的职责是：

（1）负责地质灾害点监测工作。

（2）负责组建一定人数的抢险应急分队。

（3）落实具体技术人员负责各地质灾害点的抢险技术工作。

（4）储备一定数量的木桩和其他防汛物资，负责所存木桩汛期供应。

监测地质灾害

40. 卫健部门在应对洪涝灾害中的职责是什么?

卫健部门在应对洪涝灾害中的职责是:

（1）负责汛期防汛抢险期间的卫生防疫工作。

（2）负责组建一定人数的医疗救护分队和防疫分队。

（3）搞好卫生宣传，指导灾民做好常见病的预防工作。

卫生防疫

卫生宣传

41. 交通运输部门在应对洪涝灾害中的职责是什么?

交通运输部门在应对洪涝灾害中的职责是:

（1）负责汛期防汛抢险道路的抢修工作。

（2）负责防汛撤离道路的维护与保养,组建一定人数规模的交通道路抢险分队和车辆维修分队,必要时修建临时抢险路、桥,对影响行洪的路、桥,按指挥部命令进行拆、挖阻洪路、桥等障碍物。

搭建临时抢险路、桥

（3）落实一定规模的撤离抢险运输车辆,其中一部分承担防汛抢险,一部分承担本地及异地安置群众的接送任务。

（4）负责河道浮桥的拆除工作。

42. 宣传部门在应对洪涝灾害中的职责是什么?

宣传部门在应对洪涝灾害中的职责是:

对防汛情况实时报道

（1）对防汛抢险救灾安置等工作的进展情况进行及时宣传报道。

（2）及时播放防汛抢险救灾指挥部门的通知、命令、通告、雨水情通报,进行防汛抢险的实时报道。

（3）负责在防汛抢险紧急时期成立战地报道小组。

43. 教科部门在应对洪涝灾害中的职责是什么?

教科部门在应对洪涝灾害中的职责是:

（1）做好各校师生防御暴雨洪水灾害的安全警示等防御工作。

（2）负责落实学校灾后重建和恢复教学工作。

校区洪水抽排

44. 发展改革部门在应对洪涝灾害中的职责是什么?

发展改革部门在应对洪涝灾害中的职责是:

（1）负责救灾物资储备。

（2）负责灾民粮油生活供应。

（3）负责灾后重建的资金供应。

救灾物资

45. 农业农村部门在应对洪涝灾害中的职责是什么?

农业农村部门在应对洪涝灾害中的职责是:负责组织农用车辆参加防汛救灾,灾后组织恢复农业生产工作。

灾后恢复

46. 文化和旅游部门在应对洪涝灾害中的职责是什么?

文化和旅游部门在应对洪涝灾害中的职责是:负责指导督促文化旅游单位的防汛工作。

旅游部门人员协助游客撤离

47. 供电分公司在应对洪涝灾害中的职责是什么？

供电分公司在应对洪涝灾害中的职责是：

（1）对汛期堤防查险、防汛抢险、抽排积水、防御山洪灾害用电供应负总责。

（2）制订汛期《安全供电和抢险期间应急供电方案》，报防汛部门备案。

发电机　　　　　　探照灯

电器设备

（3）落实一定数量的发电机和探照灯，保证抗洪抢险需要。

（4）组建一支抢险分队，负责汛期的电力供应。

48. 通信部门在应对洪涝灾害中的职责是什么？

通信部门主要包括电信公司、移动公司、联通公司，其在应对洪涝灾害中的职责是：

抢险中对通信的保障

（1）负责制订汛期《通信应急保障方案》，报防汛部门备案。

（2）汛期确保各级领导及各级部门电话联络畅通。

（3）负责洪水灾害发生后通信线路设备的抢修工作。

（4）处置突发情况下指挥部临时通信工作。

水模拟及灾害管理
Group of Water Simulation & Flood Management

专题三　　个人应对洪涝灾害

49. 面对洪涝灾害我们需要养成哪些良好习惯?

面对洪涝灾害,为了减少不必要的人员伤亡和财产损失,我们在日常生活中应该养成关注雨情、水情及保持通信畅通的习惯:

(1)关注雨情:通过收听天气预报、手机下载气象 APP 软件等方式关注天气变化情况,尤其是降雨情况。

(2)关注水情:居住在沟道、河湖水系附近的人需要密切关注水位的涨落,水流流量的大小及流速的快慢,尤其是暴雨过后。

(3)保持通信畅通:便于我们向外界发出求助信息,救援人员也可以搜寻到我们的位置,同时可以接收到政府、气象、水文等应急部门发布的与灾害相关的信息。

查看天气预报

50. 暴雨的天气征兆有哪些？

通过一些天气征兆，我们可以知道未来是否会下暴雨：

（1）朝霞不出门，晚霞行千里。"朝霞不出门，晚霞行千里"是指在早晨日出前后，天空中出现红色的早霞，就表示很快就会下雨，最好不要出门；在晚上日落前后天空中出现晚霞，就表示今天天气晴朗，适合外出。

（2）云往东，车马通；云往南，水涨潭；云往西，披蓑衣；云往北，好晒麦。通过天空中云朵的运动方向来推测天气的雨晴："云往东，车马通；云往北，好晒麦"表示，如果云朵向东、北方向运动，则天气晴朗；"云往南，水涨潭；云往西，披蓑衣"表示，如果云朵向南、西方向运动，则不久就会下雨。

（3）天上钩钩云，地上雨淋淋。钩钩云即气象上的钩卷云，是一种卷云，云体很薄，呈白色，云丝往往平行排列，向上的一头有小钩或小簇，下有较长的拖尾，很像逗点符号。钩卷云出现后往往有低气压或明显的低压槽移来，预示要下雨了。

钩卷云

洪涝灾害自救互救一本通

51. 降雨来临前动物的行为预兆有哪些？

降雨来临前动物的行为预兆有：

（1）燕子低飞蛇过道，蚂蚁搬家雨来到。

燕子低飞

蚂蚁搬家

（2）狗泡水鱼冒泡，不久大雨就来到。

狗泡水、鱼冒泡

（3）牛羊不回家，青蛙胡乱叫，大雨就来到。

牛羊不回家、青蛙胡乱叫

52. 雷雨天气，在室内我们应该避免哪些行为？

当我们在室内遇到雷雨天气，为了防止因为雷电造成的损失，我们需要避免以下行为：

（1）不要玩手机，不要打电话。雷雨天气，手机接收的信号容易在空气中产生电流，这时候打电话或玩手机的话，很容易导致我们触电，若所在房屋装

打雷天玩手机、打电话（屋顶有避雷装置）

有避雷装置则可正常使用手机。

（2）不要看电视，不要上网。若使用室内天线，可以正常观看电视；若使用室外天线，应配备可靠的接地避雷装置才能观看，因为雷电会通过电缆、网线及有线网络等传播途径传入室内，破坏个人财产。

（3）不要使用热水器，不要将手伸出窗外。一般太阳能热

看电视＋上网（室外没有避雷装置）

水器高于避雷带，雷雨天气时，会先于避雷装置接触到雷电，这时洗澡易发生雷击；家住高层时，要注意关闭门窗，告诫家人（尤其是小孩）不要将头或手伸出户外，更不要用手触摸窗户的金属架。

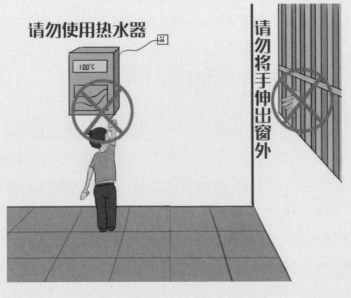

请勿使用热水器、请勿将手伸出窗外

（4）及时关闭漏电设备的开关。如果一定要修理家中的电器线路、插座开关等，请关闭电源总开关，防止触电。

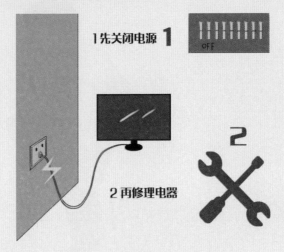

请先关闭电源开关再修理电器

53. 雷雨天气，在室外我们应该避免哪些行为？

雷雨天气应尽量避免出行，若必须出行或已在室外，须注意：

（1）如果骑行的是电动车，应该停下来。

（2）不要在开阔的地段停留，比如旷野、运动场等；也不要在山脊、山顶、孤立建筑物、屋顶等高处停留，防止被雷击中。

（3）关闭手机等其他无线通信设备；不要打伞，不要手持金属装置。

（4）不要在高大树木或大型广告牌下停留或躲雨，一是因为这些树和广告牌被大风刮断或刮倒容易砸伤位于下面的人或财产，二是因为这些树和广告牌可能会搭在周围的电线上而带电。

（5）遇到电线掉落应单腿跳跃离开。如果电线刚好落在离自己不远的地面上，不要惊慌，更不要撒腿就跑，应当用单腿跳跃的方式离开现场，以防止因为跨步电压带来触电的危险。

单腿跳跃

（6）不要靠近电力设施。在多雨潮湿天气，电力设备绝缘性和人体的电阻都会降低，因此不能靠近电力设施，同时还应注意避开电线杆旁金属材质的斜拉线。

不要靠近电力设施

（7）无绝缘防护不随便救人。一旦发现有人在水中触电倒地，应立即切断电源，或用干燥的木棒、竹棒或干布等绝缘器具使伤员尽快脱离电源，千万不要冒失直接去救人，防止自己触电。

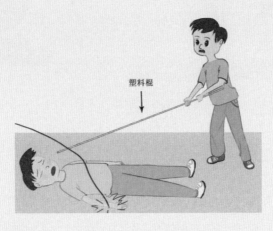

塑料棍

用塑料棍挑开电线

54. 雷雨天气保护自己的正确姿势是什么？

外出时如遇雷雨天气，这时应停止一切行动，千万不能走路甚至奔跑，以减少跨步电压带来的危害；应双膝下蹲以降低自己的高度，同时双手抱膝，胸口贴近膝盖，将头部埋低。

洪涝灾害自救互救一本通

雷雨天气在野外的正确姿势

55. 可以拨打的急救电话有哪些？

可以拨打的急救电话有110、120、119、122、12395。这些号码都属于特殊号码，不收取任何费用。

（1）110是中国大陆及台湾地区报警电话号码。大陆地区的110电话除负责受理刑事、治安案件外，还接受群众突遇的、个人无力解决的紧急危难求助等。

（2）120是中国大陆急救电话号码，是全国统一的急救电话号码。

（3）119是消防报警电话。在遇到火灾、危险化学品泄漏、道路交通事故、地震、建筑坍塌、重大安全生产事故、空难、爆炸、恐怖事件、群众遇险事件，水旱、气象、地质灾害、森林、草原火灾等自然灾害，矿山、水上事故，重大环境污染、核与辐射事故和突发公共卫生事件时均可拨打。

急救电话

（4）122 是我国公安交通管理机关为受理群众交通事故的报警电话，指挥调度警员处理各种报警、求助，同时受理群众对交通管理和交通民警执法问题的举报、投诉、查询等。

（5）12395是全国统一水上遇险求救电话。在海上，船舶一旦发生碰撞、触礁、搁浅、漂流、失火等海难事故或遇人员落水、突发疾病需要救助，就可拨打12395向海上搜救中心报警。"12395"音译为：123救我，可以记住其音译以便于在应急情况下唤醒记忆。

56. 通用的求救信号有哪些？

当我们处于危险，凭借自身能力无法脱险时，我们需要通过求救信号把"自己有危险，需要救助"的信息传递出去。常用的求救信号有物品信号、数字信号、光照信号、反光镜信号、火堆信号、声音信号、色彩信号等。

通用求救信号

（1）物品信号：使用身边颜色鲜艳容易得到的物品摆放成能够被人发现的比较大的 SOS 形状，这些物品可以是树枝、石块等。

（2）数字信号：数字"191519"表示 SOS 求救信号。数字表示方法既可以求救，又可以不暴露自己。其中，19表示 S，为字母表中第19个字母；15表示 O，为字母表中第15个字母。

（3）光照信号：每分钟闪光6次（"6"的谐音是"顺利"的意思），反复多次。可用的工具有手机、手电筒、电灯等。

（4）反光镜信号：每分钟闪光6次，反复多次。可用的工具有眼镜片、玻璃片等任何可以反射光线（尤其是太阳光）的物品。

（5）火堆信号：将火堆摆放成各边距离相等的三角形点燃。晚上以光为主，白天以浓烟为主，任何潮湿的东西都可以生成浓烟，比如青草。

（6）声音信号：可用"三短、三长、三短"的规律吹口哨或敲击物品，"敲－停1秒"重复三次表示三短，"敲－停3秒"重复三次表示三长，这个规律源自摩斯密码的 SOS 信号。

（7）色彩信号：站在高处，挥舞颜色鲜艳的衣服、围巾等物品，比如黄色、红色、橙色等，引起人们注意。

57. 救助他人后，我们自身利益有法律保障吗?

2020年5月28日，"好人法"也就是《中华人民共和国民法典》的第一百八十四条规定："因自愿实施紧急救助行为造成受助人损害的，救助人不承担民事责任。"这样规定的重大意义在于：

（1）在紧急情况下，专业救护人员可以大胆地履行救助职责。

（2）热心市民可以尽自己所能协助专业人员抢救生命。

（3）鼓励见义勇为，保护热心救助人，免除其后顾之忧，倡导和培育乐于助人的良好道德风尚，树立和弘扬社会主义核心价值观。

（4）该法律的颁布，填补了此前的法律空白，规范了这类行为，从法律层面鼓励更多的人勇敢伸出援手。

"好人法"助力人们救助他人的勇气

58. 可以利用水的哪些特性进行逃生？

　　我们需要灵活利用水具有往低处流、浮力的两大特性，采取适当的自救方式进行逃生。

　　（1）水往低处流，人往高处逃。

人往高处逃

　　（2）水具有浮力，收集可利用的漂浮物，如塑料瓶、木头、木板等，以便必须离开时使用。

可利用的漂浮物

59. 急救包里应该准备哪些物品?

急救包里的物品建议从应急食品、应急生活用品、自救求生工具、医疗救护产品、重要资料及其他物品等方面进行准备。

（1）应急食品。常见的应急食品有压缩饼干、巧克力、纯净水、罐头（配备开罐器）、速食粥以及各类密封蔬菜和水果。这类食品能量高、营养多，能够保证在灾害发生后保持良好的身体体能。除此之外，每人每天应准备4升左右的饮用和卫生用水；准备可供三天食用的食物。

（2）应急生活用品。应急生活用品包括安全帽、过滤口罩、照明工具（手动发电应急灯、蜡烛、手电筒等）、应急毯、睡袋、充电器或手动充电器、防灾净水器等。手动发电应急灯，本身配备电池，可以给手机充电；尽可能选择防灾专用蜡烛，因为防灾专用蜡烛能够持续燃烧100个小时，普通蜡烛在封闭环境中则会因消耗过多氧气而导致被困人员缺氧。

（3）自救求生工具。自救求生工具包括警报器、手机、充电器和充电宝、建立临时避难所用的塑料板和宽胶带、小型灭火器、应急锤、防水高强光警示灯或手电筒及备用电池、防风打火机（火柴）、尼龙布雨衣、求救哨、电池供电或手摇式的收音机及备用电池或半导体收音机等工具。这些工具可在灾害发生时，发挥保存体温、火源求助、向外发出求救信号等作用。

应急食品

应急生活用品

（4）医疗救护产品。医疗救护产品包括纱布、瞬冷冰袋、碘附、棉签、医用手套、创可贴以及简单的工具（镊子、棉球等）。急救药品方面，除了基本的消毒、烧烫伤药品及止泻退烧等药品外，可以根据不同人的需求去

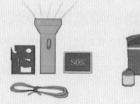

自救求生工具　　　医疗救护物品

配备药箱，比如家中有高血压患者、心脏病患者、糖尿病患者等特殊患者时，应配备针对不同患者的用药。

（5）重要资料。重要资料包括身份证、护照、社保卡、健康卡、家庭通讯录等复印件和房产证、银行卡（存折）、保险单、有价证券等复印件及适量现金、备用钥匙等。对于有条件的家庭，建议储备电子储存介质等物资，为尽快恢复正常生活提供保障。

（6）其他物品。①个人信息卡，需要记录自己的家庭地址、电话以及就医时需要注意的事项，以便在紧急情况下，救援人员对被救者进行救助时节约宝贵的生命时间；②笔记本，选用防潮湿防水功能比较强的笔记本，以便在比较难识别方位的地方撕下单页做记号，或者记录一些重要信息，以提高获救的概率；③急救手册，可以记录急救包内救生物品的使用方

个人信息卡　　　　其他物品

法及注意事项，以及应急卫生用品和应急食品的保质期等。

60. 急救包里的物品维护有哪些注意事项？

为了保证急救包的正常使用，需要对急救包里的物品进行不定期的检查和更换：

（1）急救包中的食品、饮用水、药品都有保质期，若发现超出使用期限，须进行更换。

定期检查食物　　定期检查电池
是否过期　　　　是否受潮

（2）需要用电使用的物品，应检查电池是否还有电、电量是否充足、电池是否受潮、充电装置是否正常运行等情况。

（3）防护型的用品，须定期进行检查，确保物品能够正常使用。

61. 急救包放置有哪些注意事项？

我们准备了急救包，但是忘记放在哪里或者知道在哪里放着却拿不到，就会前功尽弃。因此，在放置急救包的时候，有以下注意事项：

（1）急救包应存放在干燥、阴凉、靠近逃生出口的地方，并且放置的高度是家庭所有成人能拿到的位置；同时，也可考虑放在心智足够成熟的大龄儿童可以拿到的位置。

急救包放在容易触碰到的地方

（2）家里所有成员应该清楚急救包存放的位置，一旦出现紧急情况，就算有家庭成员不在场，其余家庭成员依然能够准确无误地找到急救包进行自救互救。

（3）急救包外部以及放置急救包的柜子或箱子上贴好夜晚可见的荧光条，方便人们在黑暗中快速找到急救包。

62. 需要准备的其他物资有哪些？

需要准备的其他物资包括并不限于以下内容：

（1）抗洪防汛沙袋：主要用在地下空间、低洼地区防水挡水用。

（2）汽车或电动车：需定期检查汽车或电动车的性能是否正常，并保障燃料和电力充足，以备不时之需。

防汛沙袋

汽车

电动车

63. 如何自制简易漂浮筏?

在自救互救中，我们也可以制作一种简易的漂浮筏，以便我们可以漂浮在水面上，等待救援。制作简易漂浮筏的方法：

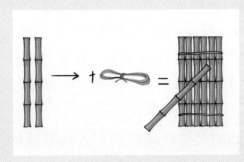

制作简易漂浮筏

（1）选择漂浮材料。木板、木制家具、泡沫板、秸秆、树枝、竹竿等浮力较小的材料可以作为漂浮材料。

（2）选择绳子。现成的绳索或床单、窗帘、衣物等撕成条，以及地瓜蔓、藤条、树皮等比较结实的条状物质都可以当成绳子使用。

（3）捆绑。将漂浮材料用绳子捆绑在一起，一定要捆紧。

（4）制作简易桨。漂浮材料都可以当做桨使用，长竹竿是最好的选择，塑料板等漂浮物也是可以的。

一个简单但五脏俱全的漂浮筏就做成功了，但是需要提醒的是，不到万不得已，最好不要使用漂浮筏。

漂流前需注意：带上足够的生活用品，做好长期漂流的打算；漂流中，身体保持平衡，心理保持镇定，积极向上，等待救援人员前来救助；行驶到避灾区等安全区域

简易漂浮筏

时，在保证自身安全的情况下平稳下筏，等待救援。

64. 家庭成员集体应对洪水灾害应做哪些准备工作？

家庭成员之间的生活习惯和约定俗成的规定，能够让成员在遇到危险时做出合理适当的行为，帮助一家人成功逃生。因此，在应对洪涝灾害时，家庭成员之间约定俗成的准备工作就显得非常重要。家庭成员都可以做哪些准备工作呢？下面列了一些相关建议，可供选择使用。

（1）共同联络人：约定外地的两位亲戚或朋友为您家庭的应急联络员。

（2）共同联络地点：观察家庭周围的地势，选择共同联络地点，一般要选择在容易到达、地势较高的地方。

（3）信息联络卡：为家里的每位成员准备信息联络卡，这点对于家里有老人和小孩的情况尤为重要，以便救助人员救助他们时，可以掌握他们的详细信息。卡片内容包括但不限于：姓名、家庭地址、年龄、血型、既往病史、联系电话、家庭其他成员等信息。

（4）急救箱（包）：箱（包）内物品见问题59（急救包里应该准备哪些物品？），每隔一段时间替换掉快要过期的水和食物等其他易过期的物品。

（5）开关：每一位家庭成员都要掌握水、电、气等总闸开关的打开和关闭方法。

（6）逃生路线：如果有政府规定的逃生路线，要定期组织家人进行训练，如果没有，需要自己提前考虑。

（7）联络设备：至少要记住一位家庭成员的手机号码或者无线电联络号码，保证电子通信设备的电量足够并处在开机状态。

（8）学习：组织所有或部分家庭成员参加由应急组织单位或者相关正规单位举办的应急培训班；阅读一些与急救逃生方面相关的书籍；懂得多的成员可以给其他成员进行培训。

（9）巩固：以上内容，家庭成员之间过一段时间要进行巩固。

家庭成员会议

专题 三 个人应对洪涝灾害

65. 行走时如何避免触电？

我们在室外碰到天空电闪雷鸣、道路积水难行的雷雨天气，此时除了避免被水淹的危险，还应注意防止触电和被雷击的危险。

（1）触电的危险：在室外时切记要远离架空供电线路和变压器等带电设备，当我们发现供电线路断落在积水中时，应当考虑到水体是带电的，在自己远离的同时，应告知其他行人或者通过制作清晰醒目的告示牌提醒他人。当电线落在我们附近的地面上，这时应用单腿跳跃的方式离开现场，如果双腿行走，会导致在跨步电压的作用下触电。

（2）雷击的危险：当在户外遇到雷雨天气时，我们千万不要拨打或者接听电话，必要时要关机；切记不要在树下避雨；对于突然来的比较大的电闪雷鸣，应立即下蹲，同时双脚并拢，双臂护膝。

注意，当我们遇到他人触电时，千万不要贸然救助。应环顾四周找到可以利用的绝缘物品，比如塑料杆等，帮助其先离开电源，再依据具体情况设法救助。

66. 应对洪涝灾害需要有的体质准备有哪些？

体力充裕、思维敏捷能够让我们在面对复杂的外界环境时，通过听觉、视觉、嗅觉、触觉敏锐觉察出外部环境存在的隐患、发现可利用的资源、保障有效迅速的执行力。为了保障拥有健康的体魄、清醒的大脑，我们需要做到：

锻炼身体

（1）睡眠：养成良好的睡眠习惯，保证高质量足时长的睡眠。

（2）运动：每天锻炼身体。

（3）心情：保持良好的心态。

67. 应对洪涝灾害需要有的精神准备有哪些?

面对洪涝灾害,难免会出现恐惧、烦躁、不安、无助、自责等心理问题,这时我们更需要有积极的精神状态。

(1)面对洪涝灾害,相信自己一定能找到一个高的地方等待救援并积极寻找,相信周围一定有能够使自己漂浮起来的物品并积极寻找。

(2)即使不幸被卷入水中,应积极呼救或者抓起周围的漂浮物,并相信周围一定有人正在想办法救自己,千万不能认为自己没救了。

(3)等待救援的过程中,一定要相信救援队伍很快就到,鼓励自己及周围人坚持、坚持再坚持。

(4)不信谣不传谣,保持镇定的情绪;对于负面的不实信息,要保持独立思考,鉴别信息真伪,保持乐观心态。

(5)不能盲目自信,比如擅自闯入深水区,幻想开车通过洪峰与洪水赛跑等。

等待救援人员

水模拟及灾害管理
Group of Water Simulation & Flood Management

专题四　　洪水灾害中的自救

68. 哪些人群容易遭受洪水灾害?

　　容易遭受洪水灾害的人群包括:

　　(1)住在暴雨多、雨季长、雨后汇流比较集中的地区的人群。

　　(2)住在河流弯曲地段、河道下游、地势低洼地段的人群。

　　(3)住在水系发达、支流多、缺少天然入海河道附近的人群。

　　住在这些地段的人们,会因来流过多、排水不畅等原因而存在较高的遭受洪水灾害的风险,在日常生活中需要多加防范。

水系发达、支流多的地方

69. 警报响起如何应急避险？

社区或乡镇负责人通过收音机、电视机或手机等设备可以听到或看到应急管理部门、水利部门、气象部门发出的预警预报信息，防汛部门也会通过广播等方式给居民发出警报，我们可以根据收到的预警信息，采取不同的避险方式：

（1）如果播报的内容是关于洪水或内涝的预报，应听清楚具体还有多长时间洪水会发生，为转移到安全位置做准备。如果时间充裕，关闭水、电、气开关，关闭门窗，堵塞门窗缝，用沙袋、挡板等对低洼处进行围挡；驾车逃离需要提前确定车内的油是否加满，如果充电的话要确保电已经充满，带上急救包及必备的物品，如保暖衣物和干净的水等。

（2）如果播报的内容是水情报告，这意味着河水将会或者已经外溢。此时低洼地段的街道容易被淹，应该避免在此地滞留，防止被洪水冲走。如果您所处的位置较低，应该带上您的急救包和紧急储备物资，根据政府通知的撤离路线，尽快撤离到指定高地。

（3）如果广播中建议您撤离家园，您应该带上急救包和紧急储备物资，尽快转移到指定高地。

（4）如果您听到的是暴洪预警，那表示危险很快就到。即使您所在的地方并没有明显的天气预兆、动物预兆等信息，也千万不要盲目自信，离您不远的地方可能已经下雨，并且洪水正向您的方向涌来。洪峰的速度最高时比汽车的速度要快很多倍，这时后悔就太晚了。因此，一定不能耽搁，要听从政府的统一安排，往高处转移。快一秒钟或慢一秒钟的区别，有时会导致生命的两种结局。

（5）在来不及转移的情况下，我们需要放弃身上不必要的累赘，快速撤离到身边的高楼、大树或坚固岩石上面。

广播

70. 在住宅听到准备转移的预警信号如何处理?

在住宅听到洪水灾害准备转移的预警信号，此时可以在转移前做一些准备工作，以减少不必要的损失。

（1）关闭水、电、气的总闸，以免发生煤气泄漏或电线浸水导电等状况。

关掉水、电、气开关

（2）关闭好门窗，用沙袋或者挡雨板将低处的地方防护好。

堵窗缝、堵门缝

（3）看排水通道是否打通和干净，方便排水。

拔开排水通道的拥堵物

（4）拿好急救箱（包）及生活必备物品，锁好大门，向通知的安全地带转移。

一些必备物品

71. 在住宅听到立即转移的预警信号如何处理？

在住宅听到洪水灾害立即转移的预警信号，此时应放弃财物，保命要紧，应注意以下几点：

（1）不要贪恋家里的财物，自救逃命要紧，可以顺手拿起周围可以漂浮的工具，尤其在有小孩和老人的情况下，保证让大家平稳漂浮在水面上。

（2）往预先确定的安全区域或者坚固的高处转移，转移路上应注意避开危险的房屋、下水道口、电线杆、暴露的电线，以及有爆炸危险品的附近。

（3）到达安全位置后，和紧急区外事先联系好的亲戚或朋友联系，并拨打急救电话，说清楚自己的名字和家庭住址。

拨打急救电话

72. 学校领导采取的自救方式及注意事项有哪些？

学校遭遇洪水灾害，学校领导采取的自救方式及注意事项：

（1）通过预案工具（广播、大喇叭、呼叫机和手机等形式）通知学校师生洪水即将来临的消息，并指导师生有序转移。

（2）应按照学生自身情况给各年级分别指定转移路线及地点，比如：高年级可以转移至较远的安全地带，低年级就近转移，以保证转移工作有序顺利进行。

（3）学校领导需要提前在逃生路线上，每隔一段距离安排年富力强的老师或相关工作人员值守，以便及时帮助需要帮助的人员，保证转移工作的顺利进行。

（4）转移过程中，尽量保证每个队伍的队头队尾均有老师，队头的老师带领队伍转移，队尾的老师协助学生们转移，以防止有学生被落下。

（5）安排排查小组，排查学校所有可能有人的地方，并防范容易被忽视的地方，避免有人还没有撤离的情况，比如：学生宿舍、厕所、洗浴中心、地下室、操场等地方，如有人员逗留，应立即组织转移。

（6）如果发现由于各种原因而行动不能自理的人员，应及时组织人员协助其转移。

73. 学校老师采取的自救方式及注意事项有哪些?

学校遭遇洪水灾害,学校老师采取的自救方式及注意事项:

(1)老师一定不要擅自主张,私自带学生进行转移,应听从学校领导的统一指挥。

(2)转移之前,老师应当清点人数,确保班级同学均在队伍中,若有学生不在,立即组织人员寻找,若寻找未果且情况紧急,立即报告学校,并带领其余学生继续转移。

(3)老师根据现场情况,组织班级干部协助管理学生,并带领学生有组织、有秩序地往高处撤离。

(4)情况危急,来不及向校外转移时,老师需要立即组织学生向学校楼顶转移,但不要爬到泥墙的屋顶,因为这些房屋浸水后很容易倒塌。

(5)若被洪水围困,老师需要组织学生发出求救信号,安抚学生耐心等待救援,并每隔一段时间清点人数,确保没有学生丢失。

(6)在等待救援的过程中,老师应告诫学生不要随意乱跑,以免发生危险事件。

老师组织学生紧张有序地向教学楼的楼顶转移

74. 学生采取的自救方式及注意事项？

学校遭遇洪水灾害，学生采取的自救方式及注意事项：

（1）学生一定不要随意乱跑，应听从带队老师的统一安排。

（2）班干部应协助老师组织同学们转移，并着重照顾体弱多病、心理素质不好的同学。

（3）学生应紧跟老师步伐，积极转移，并在转移过程中互相关照身边同学，以便在有学生发生危险时能够得到及时救助，并防止人员丢失。

（4）情况危急、来不及向校外转移时，应听从老师指挥向学校楼顶转移，转移一定要快速高效有序。

（5）若被洪水围困，应协助老师向外界发出求救信号，并听从老师的指挥，耐心等待，不随意乱跑。

（6）在转移过程中，每位人员的前后应保持一定的距离，防止踩踏事件的发生；若有人不慎跌倒，在保证自身安全的情况下，将其及时拉起；若无法拉起，需叫停队伍，帮助跌倒同学；如果发现人流太过汹涌，及时报告班干部或带队老师，调整前进速度。

75. 户外个人遇洪水灾害如何自救？

在洪水来临时，我们若身处户外，为了保障人身安全，应注意以下几点：

（1）如果洪水来临前时间充裕，应根据道路标识及避难路线等，选择最佳的逃生路线，迅速向山坡、高地等地势较高处转移，切不可沿河谷方向奔跑；转移要迅速及时，紧要时可以抛弃负重，不要因贪恋财物而耽误了最佳避险时机。

在屋顶躲避洪水

（2）来不及向地势高的地方转移时，应立即爬上坚固的楼房高层、屋顶等地方做暂时躲避，或是爬上牢固的大树进行躲避（下雨响雷闪电时不要在大树下躲避），等待救援人员的到来。

（3）收集身边的漂浮物。

爬上大树躲避洪水

（4）连降大雨或发现水流湍急、混浊及夹杂着泥沙时，可能是山洪暴发的前兆，应及时撤离易于发生山体滑坡、泥石流等危险区域。

（5）到达安全区域后，通过可能的方式，向相关部门或者周围人发出求助信号。

有雷电时，不能在大树下避雨

76. 户外集体遇洪水灾害如何自救?

当我们在户外进行集体活动,比如校园出游等,遇到洪水灾害时,我们该如何自救呢?

集体向高处转移

（1）保持冷静,听从管理人员的指挥,不要擅自行动。

（2）如果管理人员对周围环境不熟悉,需要根据现场环境迅速判断出坚固的高地及其转移路线,并和周围人员一起有秩序地转移（不沿河谷方向奔跑、不涉水过河、不接近年久失修建筑物,并注意高处滚石、山体滑坡、泥石流等）。

（3）转移时可以抛弃不必要的重负,不要因为贪图财物而浪费宝贵的逃生时间,如果周围有浮力较好的木板等救生漂浮物,可以捡起以备不时之需。

扔掉不必要的重负,选择木板

（4）如果来不及转移,可以攀上附近坚固的岩石、稳固的大树,向外界发出求救信号,等待救援。同时,也可以向周围人员、旅游部门、景区管理部门求救,或者拨打急救电话进行求救。

77. 等待救援地应避开的危险地带有哪些?

等待救援地应避开的危险地带有行洪区、水库、河床及渠道、涵洞、危房及其四周、电线杆、高压电塔附近等。

（1）行洪区：指主河槽与两岸主要堤防之间的洼地。

（2）水库：指拦洪蓄水和调节水流的水利工程建筑物，可以利用来灌溉、发电、防洪和养鱼。

（3）河床及渠道：指水渠、沟渠等水流的通道。

（4）涵洞：指在水渠通过道路、铁路等地方，为了不妨碍交通，修筑于路面以下的过水通道。

若处在危险地带，应向高处或安全地带转移。用通信设备积极和外界联系，没有的话举起手中或身旁的鲜艳物品当作信号向外界求救。

应该离开危险地带

78. 等待救援过程中应该注意的事项有哪些?

等待救援过程中应该注意的事项有:

（1）不要喝山洪水，山洪水通常已受到污染，应尽可能利用盆、桶、缸等工具接雨水，有条件的话把雨水煮沸后饮用。

（2）保持积极心态，切忌惊慌失措、手忙脚乱。

不要喝山洪水

用工具接雨水喝

79. 遇到溃坝溃堤洪水如何自救？

若发生溃坝，洪水来势凶猛、速度非常快，切忌游水转移，并注意以下事项：

居住在坝体不同部位的群众

向政府等相关部门汇报

（1）居住在上游高地的群众不用惊慌，只需保持镇定，听从相关人员指挥即可，切忌到处乱跑看热闹，有条件的人员可以向政府等相关单位汇报当时的情况。

（2）若距离坝体较远，居住地势较低，且有足够的时间进行转移时，需要立即收拾行囊以最快的速度和有效的方式逃往安全地带。

（3）若已经来不及转移，应立即爬上屋顶、楼房高屋、大树、高墙等做暂时避险，等待援救，切忌游水转移甚至顺水流方向逃生。

（4）若洪水来得比较快，来不及逃生，则需尽一切可能抓住身边的漂浮物，提高漂流过程中成功逃生的概率。

爬上屋顶

抓住漂浮物逃生

80. 洪水围困如何自救？

无论我们被困在地基比较牢固的高台上或者比较高的砖混结构高层住宅，还是被困在低洼的溪岸或者木房中，都需要做的是：

（1）保持心态平和，不紧张，不慌张。

（2）收集周围较大的漂浮物。

（3）立即和防汛部门、急救部门或者亲戚联系，说清自己所处的位置及情况，请求及时救援。

（4）若通信设备无法使用，应根据问题56（通用的求救信号有哪些？）向外界发送求助信号、呐喊呼救。

人在高台上打电话

81. 落水如何自救？

落水自救成功的概率和是否熟悉水性有很大关系，但是如果掌握了自救的技能，即使不熟悉水性，也会大大提高自救成功的概率：

（1）无论是否熟悉水性，首先应保持淡定的心态和强烈的求生欲望，不轻易放弃。

（2）落水后，要屏气或捏着鼻子，并尝试能否站起来，以探水的深浅及流速的大小。如果脚能够

抓住漂浮的木头

触底，并能站起来，说明水比较浅、流速较小，应保持身体平稳以最快的速度走到岸边；如果脚无法触底，说明水比较深或流速较大，应立即抓住身边的一切漂浮物，并采用踩水助浮的方法尽快划至安全地带，或者抓住固定的坚固物品，并寻找机会逃生。

82. 落水遇到浪如何自救？

浪和一般的洪水不同的是带有一定的冲击力，应避免与浪的正面冲击，因此，遇到浪可通过以下方法自救：

（1）首先不能慌乱，应弄清浪的方向，把脸转向背浪的一侧，避免正面遇到浪，并注意闭气，以免引起呛水。

（2）若水性很好，可以钻浪前进，即当浪快要打来的时候，马上吸一口气，低头钻入浪中，然后在两个浪峰中间钻出，换气，再接着钻第二个浪。应注意呼吸动作与浪的起伏要相适应，随浪起伏。

（3）若遇到的浪比较大，可蹲在水底，双手插入泥沙里以稳住身体。从背上感觉汹涌的浪已经涌过，蹬脚挺身回到水面，露出头来呼吸换气，并留意下一个浪头。

遇浪自救

水模拟及灾害管理
Group of Water Simulation & Flood Management

专题五　内涝灾害中的自救

83. 城市容易发生内涝的区域有哪些?

　　城市的易涝点主要位于城市的地势低洼区域和少部分排水不畅的较高区域。

　　低洼区域主要包括大部分建筑的一层、下凹式立交桥、地下轨道交通、地下商场、地下室、地下车库及在建的工地等。

　　当我们处于这些位置的时候,一定要注意防涝。

在城市易发生内涝的地方注意防涝

84. 在地下室遇到内涝灾害如何自救？

地下室室外没有隔挡或者隔挡高度不够，在遇到内涝灾害时，水流流入地下室的风险比较大，住在地下室的人应该做好应对内涝灾害的准备工作，并在内涝灾害来临时积极应对：

（1）住在地下室的居民应养成收看天气预报的习惯，当天气预报连续播报有暴雨时，要提高警惕，注意积水情况，随时准备往高处转移。

（2）准备急救箱，急救箱内除了储备急救物品外，还需要储备重要的个人证件，有涝灾时提着急救箱往外转移。

（3）准备用于救生的救生服、救生圈等漂浮物，一旦雨水倒灌，应穿戴或拿好救生物品，找机会逃出，如果没有准备救生物品，可以把家中能够漂浮的物品当成救生物品。

（4）转移失败，应发送求救信号，等待救援。

从地下室内往高处转移

85. 在地铁里遇到内涝灾害如何自救?

地铁作为位于地下的城市重要交通工具,在设计之初已经将防洪排涝措施考虑在内,并且地铁的轨道坑内可以存储大量的积水,因此人们的生命安全不会有太大危险,但是,应该防范其他危险的发生。

(1)摔伤跌倒踩踏的危险:遇到洪涝灾害,应在工作人员的指导下进行撤离,撤离的过程中不要拥挤,防止发生摔伤跌倒踩踏事件,甚至跌下站台。

(2)触电的危险:如果在列车上,且列车无法运行,此时需要在司机和乘务人员的指引下,有序通过车头或车尾疏散门进入隧道,千万不可扒门离开车厢,擅自跳下轨道,以防触电和跌伤。

地铁内从安全通道撤离

86. 在地下商场遇到内涝灾害如何自救？

地下商场作为地下人员密集和商业集中的场所，在设计之初已将防洪排涝措施考虑在内，不会存在较大被水淹的风险，但是因为人员密集，货物繁多且立体摆放，柜台和门面多为易碎的玻璃制品，因此，发现积水倒灌地下商场需要注意以下几点：

（1）要沉着冷静，洪水进入商场需要一个过程，人员生命暂时没有太大威胁。

（2）应在工作人员的引导下（或者安全通道提示牌），有秩序地疏散、撤退，或向高层转移，防止发生踩踏事件。

（3）远离货物架及玻璃柜台，以防止被高处的货物砸伤或者破碎玻璃刺伤。

（4）积水较深时，利用一切可以增加人体浮力的漂浮物进行自救，脱离险情。

地下商场

87. 内涝时积水进屋该怎么做?

　　如果内涝积水对生命有威胁（内涝与洪水相比，对生命的威胁较小），应当立即往安全区或者高处转移，如果对生命无威胁，我们需要防止灾难进一步扩大并拯救必要的财产，可以通过以下几点入手:

　　（1）关掉水、电、气开关，并疏通下水道。

　　（2）将容易受到积水损坏的电器设备及其他物品放置到水淹不到的高处。

　　（3）在门槛外侧放上沙袋，沙袋可用麻袋、草袋或塑料袋等，里面塞满沙子、泥土、碎石。如果预料积水还会上涨，那么底层窗槛外也要堆上沙袋。

　　（4）采取"堵"的同时，可以采用人工扫水以及水泵抽水的方式排出屋内积水。

　　（5）发出求救信号，与外界联系。

积水进屋采取的措施

88. 行走时遇到积水需要注意哪些事情?

在道路上行走遇到积水, 如果不赶时间, 我们可以找附近的高地进行躲避, 或者发求救信号进行求助, 拨打急救电话（例如110）, 等待救援; 如果需要赶时间必须通过, 为了保障安全, 我们需要注意以下几点:

（1）不要踩水行走, 应选择高地行走, 因为水里可能有垃圾等杂物, 将人绊倒, 或者存在不易被发现的缺失井盖的水井（一般会有旋涡产生）等, 防止掉落。

（2）如果必须踩积水才能通过, 在防止被水里杂物绊倒的同时, 也应采用问题91（行走时如何通过有无井盖下水管道路段?）所讲的方法小心通过。

（3）远离灯杆、电线杆、变压器、电力线、铁栏杆及附近的树木等有可能带电的物体, 这些物体会因水的浸泡而漏电, 发生触电事故; 发现有电线落入水中, 必须绕行并及时报告相关部门; 发现有人在电线杆旁边倒下, 应先报警, 不要盲目救援。

（4）防止高空坠物: 如果积水是由于大雨天气造成的, 会伴随着一些大风, 出行一定要远离广告牌、树木以及路边的破损建筑物, 以免这些物体倒塌砸伤自己。

89. 雨天发现电力设施受损怎么办?

　　雨天,电力设施会因为雨水的浸泡或者其他原因而发生漏电,从而导致触电事故的发生,威胁人们的生命安全。为了保障人们的生命安全,需要注意以下几点:

　　(1)如果看到裸露的电线、电火花,或闻到焦煳的气味,应当注意有漏电的可能。应在保证自身安全的情况下,找到电闸并关闭,同时向电力部门或110报告相关情况。

　　(2)如果没有办法保障自身安全,自己也没有办法关闭电闸,应该在附近竖立明显的标志牌,提醒路人及时避开,以免有人触电。

报告或竖立明显的标志牌

90. 如何识别无井盖的下水管道？

下大雨时，下水管道会因为水满而发生溢流，有些水流甚至将井盖顶托起来，改变井盖原来的位置，导致下水管道处有水却缺失井盖，给过往的行人造成了严重的安全隐患，我们可以通过以下两种方法发现积水中无井盖的下水管道，并避开：

（1）积水中存在旋涡的地方，多为地下管道缺失井盖的情况，应避开。

（2）如果是晚上，暴雨过后路上积水已经散了一部分，这时，如果月亮出现的话，迎着月光走，路上发亮的地方，则为水坑，应避开；背着月亮走，路上比较暗的地方，则为水坑，应避开。

迎着月光亮、背着月光暗

91. 行走时如何通过有无井盖下水管道路段?

道路上有井盖缺失的情况,一旦被人发现并报告给相关部门,该部门就会派人在此竖起警示标志,但并不是所有无井盖的下水管道都会被人发现并竖起警示牌,我们在无法通过肉眼确定积水里是否有缺失井盖的下水管道时,可以尝试以下三种方法通过:

注意井盖

(1)方法一:一个人行走时,双臂向前伸展,重心放在后脚上,前脚伸出,用脚尖左右扫动,确认前方是否是平地,双脚交替探路前进。这样,如果踩空,身体下坠时,两只伸开的手臂可以架在井口,防止身体被深井吸入。

（2）方法二：一个人行走时，将棍子等作为探路工具。需注意应正手抓牢探路棍，并将棍子插入水中，这样，不仅可以有效探明前方积水深浅和地面虚实，还可以在将要摔倒时，用棍子撑住重心。

方法一和方法二

（3）方法三：如果有两人结伴，可以一人在前参照第一、第二种探路方式，另一人双手抓紧前者裤腰部位，前脚虚、后脚实地跟着前进。这样，如果前者发生危险情况，后者可迅速反应过来，将前者拽住，免于坠井。

方法三

专题五

内涝灾害中的自救

92. 汽车（公交车）遇积水需要注意的事项有哪些？

汽车（公交车）路过积水路段，可以通过与其他车辆进行对比或者用工具探测深度等方式确定大概水深，具体方法及需要注意的细节包括以下内容：

（1）当前面有其他车辆成功通过时，可以将其他车辆车型和高度与自己车辆的进行对比，以判断是否能够通过。

（2）当该路段无其他车辆通过时，可以利用树枝或雨伞等工具，探试水的深度，判断能否安全通过。

（3）若能通过，要稳住油门、匀速低速通过，防止水花溅到路人身上给他人造成不便，或者溅入发动机内造成熄火；多辆车通过时，前后车要保持一定的车距，不能离得太近；发生熄火，就不要启动了，迅速致电保险公司，寻求帮助和救援，以降低自己的损失。

（4）如果不能通过，应选择较高的安全地带停车。

路遇行人，请低速通行

93. 汽车被淹没水中如何自救？

如果汽车被洪水淹没，水位迅速上升，需要根据车外及自身的情况，比如车离周围高地的远近、车辆能否开动等，首先选择弃车逃到地势较高的地方。如果困在车内逃不出来，可采取以下办法：

（1）保持淡定，安抚自己的情绪，解开安全带（若解不开，找尖锐物把它割断），解车门安全锁，完全打开车窗及天窗等。

（2）若不习水性，应携带车内易漂浮的物品逃生，逃生的通道有四种：从车门、车窗、天窗和后备箱逃生；如果有天窗，天窗是首选，如果后备箱能从内部打开，同时优先选择。

（3）如果车门车窗由于车内压力小于车外压力打不开，应待车里的入水接近车的顶部（此时车内外的压力大小相近，车门比较容易打开），深呼吸，尝试打开车门和车窗。

（4）如果车门和车窗采取上述方式还是打不开，可以选择砸门或窗逃生。应选用尖嘴锤、高跟鞋等尖锐物品敲击玻璃的四个角，尽量避免敲打中间，因为力量会从四周散开，不易砸碎；同时碎玻璃会被水

用车上的尖嘴锤敲碎车窗逃生

冲入车内，注意不要划伤自己；离开车的时候，尽量保持面部朝上，以顺利离开车厢。

（5）注意不要砸挡风玻璃，因为挡风玻璃难砸，即便砸碎，也有一层胶把碎玻璃粘在一起，无法成功逃生。

从车辆天窗逃生

（6）逃到车外后应拿好漂浮物，此外，可以向周围人呼救，并拨打急救电话。

94. 公交车被困水中如何逃生自救？

公交车被困水中逃生的方法和汽车被水淹逃生方法有类似的地方，包括保持情绪冷静、拿漂浮物，从车门、车窗、天窗、后备箱等进行逃生，但是，由于公交车内为公共场所，人员密集，且还有司机及乘务员，与汽车相比有优势也有劣势，这里主要讲公交车与汽车逃生的不同：

（1）公交车被困水中，不要恐慌，坏情绪是会传染的，会造成其他人员的混乱和恐慌，导致踩踏事件的发生，造成不必要的伤亡。

（2）在司机或者乘务员的安排下有序逃生，一定不能拥挤，防止踩踏事件的发生。

（3）下车后乘客可以手拉手形成人墙，缓慢有序稳定地向水边移动，这样可以避免因流速太快而导致人被水冲倒的现象。

（4）倘若外部水深过大，已无法正常行走，可爬上公交车车顶暂时避险，同时拨打求救电话，等待救援。

下车后乘客手拉手形成人墙移动到水边

洪涝灾害自救互救一本通

95. 被困高层建筑中如何自救？

如果我们被困的高层建筑有被洪水浸泡后塌陷的可能，应该立即向安全的高处转移；如果没有塌陷的可能，那我们的处境是相对安全的，但是由于洪水可能会持续一段时间，无法立即脱离危险，我们还需做好以下工作以将损失降到最低：

（1）拨打急救电话，告诉救援人员自己准确的位置及目前的水势，保持电话畅通，以便外界随时可以联系到您。

（2）保持情绪稳定，不要慌乱，如果家中有老人或者孩子等，应适当安抚他们的情绪。

（3）此时空气中湿气较重，应拔掉家中的电源以及电器插头，温度比较低，应准备好家中存放的衣物或被子，做好保暖措施。

（4）洪灾较为严重时，可能会停水停电，管道内的水有被污染的可能，尽量不要喝，应饮用家里储存的纯净水。

（5）在阳台或者室内窗户等安全的地方观察外面灾情水情，并进行求助。注意尽量避免不必要的呐喊，因为这样既耗费体力又可能将恐慌情绪扩散给其他人。

（6）注意不要看见洪水消退就急着向外面撤离，因为洪水可能会再次来袭。所以应确定外界情况绝对安全或者等到救援者来救援的时候再撤离。

96. 肢体残疾人员如何自救?

肢体残疾人员应该通过以下方法进行自救:

（1）肢体残疾人员如果住在洪泛区，或者所居住区有遭遇洪水或内涝的风险，应该在身边或者自己坐的轮椅上放置易于漂浮的物品，甚至可以自备一些救生衣，以备不时之需。

轮椅后部放救生圈

（2）听到有洪水来临的消息时，应尽快和家人、邻居、周围人联系，说清自己的情况并请求救援。

（3）如果能力允许，可以向高处转移，暂时安全后，大声呼救。

97. 有哑疾者如何自救?

有哑疾者应该通过以下方法进行自救:

有哑疾者自救

（1）有哑疾者如果住在洪泛区，应当随身携带一把口哨，以便在危险的时候可以通过口哨声进行呼救，避免因无法呼喊而错失被发现并获得救助的机会。

（2）随身携带通信工具，可以通过发送短信或者微信消息的形式告诉其他人自己所处环境的危险。

（3）有哑疾者应该尽量和家人或者朋友在一起，避免独自一人，这样在危险的时候有人照应。

（4）同时要建立强大的自信心，相信通过合适的自救方式，自己一定会获救。

98. 有听力缺陷者如何自救？

有听力缺陷者应该通过以下方法进行自救：

（1）有听力缺陷者可以通过助听器弥补自己先天的不足，获取关于洪水听力方面的信息，比如洪水的声音、预警的广播等。

（2）可以借助良好的视力，通过观察周围人的表现，周围环境的变化，或者之前介绍的一些预兆信息，选择正确的逃生方式进行逃生。

（3）可以和周围人结伴逃离，以降低自己听力不好而对周围环境判断失误的风险。

有听力缺陷者自救

99. 有视力缺陷者如何自救?

有视力缺陷者应该通过以下方法进行自救:

（1）需要常备一个便携的手电筒，在自己处在危险环境中时使用，便于别人发现自己。

（2）当还有时间进行转移时，立即联系家人、邻居或者其他能够帮助到自己的人员进行求助。

（3）若周围无人，应根据自己日常生活经验往高处攀爬，比如上二楼、爬上大树，或者向自己知道的其他高地转移。

（4）若来不及转移，应抱起周围易漂浮的物品，并大声呼救，便于周围人发现自己。

拿起漂浮物并带好手电筒，往高处转移

有多种残疾的人员，可将前面所说的办法或者本书其他章节所讲的办法与自身情况相结合，进行有效自救。

水模拟及灾害管理
Group of Water Simulation & Flood Management

专题六　　洪涝灾害中的互救

100. 洪涝灾害来临时，如何提醒他人？

如果我们发现洪涝灾害即将来临，除了保障自身安全外，还应该积极通知并提醒他人，以降低洪涝灾害造成的人员及财产损失，我们可以通过以下方式通知或提醒他人：

（1）一旦山洪暴发，立即报告监测负责人或村组负责人，并协助监测负责人和村组负责人利用高音喇叭等对民众进行预警。

（2）如果时间来不及，可直接采取鸣锣、口哨、手摇报警器等预先设定的信号，进行紧急预警。

（3）个人也可通过手机、电话等方式向当地政府及防汛部门报告。

（4）如果洪涝灾害来势汹汹，来不及预警，应在逃离的同时，大声呼喊以提醒他人洪水将至，赶快撤离。

利用敲锣和口哨，提醒大家撤离

101. 救助他人的方法有哪些？

根据被救者所处危险的具体情况，在保障自身安全的情况下，我们可以采取不同的救助方法：

（1）不鼓励儿童直接救人，建议儿童可以通过向他人寻求帮助的方法间接救助他人。

（2）洪水即将来临，应快速通知他人，并组织大家按照预案的方式进行撤离，撤离至安全区或者较高的地方，注意对老弱病残孕人员的协助。

（3）发现落水者，利用长杆、绳子、床单等物品，将其拉近并救起。

（4）落水者溺水，可采取问题105（如何对成人进行心肺复苏？）~问题108（溺水情况下的心肺复苏与日常心肺复苏有何不同？）进行救助。

（5）与他人一起被困于洪水中，应鼓励他人积极面对，不要放弃，号召大家抱团取暖，分享食物，安心等待救援；对焦躁不安或者恐惧者进行心理引导。

（6）得知他人被困，自己尚且安全，应积极联系救援人员，以便他人尽快得救。

102. 发现周围可以利用的救助他人的资源有哪些？

当发现有人需要救助，不能贸然进行救助，以免给他人和自己造成不必要的危险，应该根据被救者的具体情况，环顾四周，看是否有可以利用的工具。

（1）有人触电，应该立即关掉电源，找不到电源时，应该用塑料杆等绝缘物品将电线从被救者身上拨离开。

（2）有人落水，如果自己能力不足以救助落水者，应该向周围有能力的人进行求助，告知落水者的位置和情况；或者扔给被救助者一个漂浮物，比如救生圈、绳索、泡沫塑料、木板、树干、树枝、车座或塑料架等救援工具。

往落水者的方向扔一个能漂浮起来的物品

103. 如何救助落水者？

对落水者进行救助，应该在保障自身安全的情况下，根据自己的能力进行救助。

（1）如果不习水性，千万不要贸然下水，应该向周围人大声呼救，寻求帮助，同时拨打119或120等急救电话。

（2）如果稍微习水性，身边有救生圈、救生索等工具，应该抛给落水者；如果有竹竿或者木棍等结实的长杆工具，对溺水者进行营救时应当趴下，以免被拉入水中；如果有两人以上要相互配合，年纪大、力量大的人趴在地上递竹竿，同伴最好坐在他的腿上或者想办法拽住他，确保他不会被拉下水。

用长杆救人

（3）如果水性很好，并掌握一定的救助技巧，可以下水救助，下水前应脱去衣裤和鞋子，条件允许，可以带上救生圈、救生衣或塑料泡沫板等；当游到落水者面前1～2米处时，先吸一大口气再潜入水底并从落水者背后施救，这样才不至于被对方拖住；若溺水者不省人事，可用手拖住溺水者的下巴，拖回岸边。

（4）当救助遇到意外情况，比如被落水者缠住而无法进行救助和自救工作，此时要努力说服落水者冷静，如不奏效可以重击落水者后脑，使其昏迷再进行救援。

104. 如何发现溺水者？

我们印象中的溺水者应该是积极寻求救助，大声呼喊，在水面上下扑腾，溅起水花，周围人很明显就能发现他们，但实际上，这只是刚落水只有几秒钟的表现，溺水稍微久一点的人，通常表现和我们想象的有所不同，可以通过以下几点进行判断：

（1）溺水者很安静，因为呼吸已经非常困难，根本无法呼救。

（2）溺水者大多目光呆滞，无法专注，被水浸湿的头发可能盖在额头或者脸上。

（3）溺水者可能张开嘴巴，一上一下似乎在冒泡，他们不能举起双手求助，而是本能地向下压，以便于让口鼻露出水面。

（4）溺水者是垂直上下挣扎，而不是节律地做踢腿动作。

（5）如果带小孩子出去戏水，小孩没有愉悦的叫喊声，而是安静无声，则需要关注其是否已经溺水。

溺水者图片

105. 如何对成人进行心肺复苏？

心肺复苏(Cardio Pulmonary Resuscitation, CPR)，是针对心脏和呼吸骤停所采取的救命技术，目的是恢复被救助者心泵的有效循环功能和肺部的自主呼吸功能。心肺复苏的基本步骤是 CAB，即胸外按压（Compression-C）、开放气道(Airway-A)、人工呼吸(Breathing-B)。不过，不需要在考虑基本步骤的先后顺序上或者是否需要进行人工呼吸上浪费时间，根据具体情况，及时施救才是成功救助的关键。比如：突发的心脏骤停，可以不进行人工呼吸，只需要开放气道并配以高效的胸外按压，也是可以起到很好的救助效果的。

在对被救者进行心肺复苏前，首先要确认现场环境安全、做好个人防护、判断被救者有无意识和反应、判断其是否有呼吸并向周围人寻求帮助。

（1）首先，确认现场环境安全：施救者应该环顾四周环境，判断是否有对被救者和施救者不安全的潜在因素存在。如果存在，应该迅速消除不安全因素或者脱离不安全的环境；如果不存在，应将被救者放在平坦的地面或者其他平面上。

（2）其次，做好个人防护：要在做好自我防护的情况下进行救助，因为施救者对被救者的病情并不了解，如果被救者血液、唾沫中存在致病或传染菌等，做好个人防护可以有效降低被感染的风险，以保护施救者的安全。主要的个人防护用具包括：手套、口罩、护目镜、防护服等。

（3）判断被救者意识及反应：通过用双手轻拍被救者双肩和在其耳边高声呼唤，判断被救者是否有反应，如果有反应且呼吸正常，则可询问其是否需要帮助，如果被救者无反应，则为无意识。

（4）判断被救者是否有呼吸：通过感受被救者的鼻子是否有气息，观察其胸和腹部是否有起伏，观察7秒钟，以判断被救者有无呼吸和心跳。

（5）向周围人寻求帮助：周围如果有人的话，可以向周围人寻求帮助，可以让周围人帮自己拨打一下120并告知结果，也可以让周围人帮忙找一下周围存在的 AED 设施（具体介绍见问题109. 自动体外除颤器是什么？），也可以让现场有急救知识的人员一起进行心肺复苏急救，没有人的话，需要自己先拨打120或者其他急救电话。

若被救者无呼吸无心跳，在向周围人寻求帮助后，应当立即启动心肺复苏急救措施，具体步骤如下：

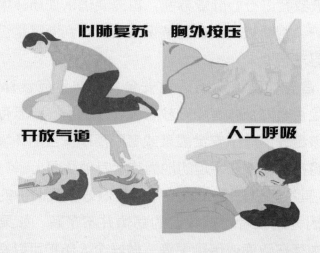

成人心肺复苏方法

（1）胸外按压：施救者需跪于伤者身体一侧，两腿分开，膝盖与肩同宽；打开伤者上衣，完全暴露其胸部；双手上下交叠，十指相扣，手掌根放在伤者两乳头连线中点的胸骨处，掌根、中指和对侧乳头在一条直线；上手臂伸直垂直于地面，手肘不弯曲，以自己的髋为轴利用上身重量用力向下按压，成人按压深度要在5～6cm，每次按压要确保伤者胸廓完全回弹，按压过程中手掌不要离开胸壁，按压频率每分钟100~120次，按压中断不能超过10秒；按压30次后，开放1次气道，并进行2次人工呼吸。

（2）开放气道：首先应检查口腔内是否有异物，如有异物，需进行清除。开放气道的准备姿势和胸外按压的姿势一致一只手向下按压伤者前额，另外一只手推起伤者颏部骨部分，使其头向后仰，此时耳垂与下颌角垂的连线应垂直于地面，注意不要按压软组织以免阻塞气道。

（3）人工呼吸：准备姿势和胸外按压的姿势一致，捏紧溺水者鼻孔，用自己的嘴封住伤者的嘴，均匀吹气2次，吹气量与正常呼吸量一致即可，每次保持1秒，同时观察伤者胸口是否有隆起，无论吹气是否成功，每次吹气都需要在10秒内完成。

（4）基本步骤循环进行：开放气道并人工呼吸后，回到胸外按压，并以按压和吹气为30：2的比例将心肺复苏活动循环操作，每个循环为1组，5组后，对被救者的呼吸和脉搏进行评估。有 AED 时须尽快使用 AED。如果有多名施救者应2分钟轮换一次（约5组），即便不觉得累也需要轮换，轮换时提醒施救者按压的位置、深度和频率以保证按压质量。

停止心肺复苏抢救工作的标准：当被救者恢复正常心跳和呼吸功能、当有更专业的人员到达并承担心肺复苏或者接替抢救工作、当被救者在常温下持续 CPR35分钟[1]以上还无心跳和自主呼吸，经专业人员确认患者死亡时，可停止心肺复苏操作。

专题 六

洪涝灾害中的互救

---

[1] 心肺复苏的操作时间其实存在很大的个体化差异，有的被救者在很短时间内就能救过来，而有的被救者需要花费很长时间才能救过来，能否施救成功，这和被救者的身体素质和求生欲望的强弱及施救者对待生命的永不抛弃不放弃的精神密不可分。作者目前了解到的，最长的CPR时间是150分钟，发生在2019年1月，辽宁中医药大学附属医院20名医生，轮流15000次按压，战胜了死神，而医生们之所以坚持不放弃，是因为被救者的心脏在停止跳动后，出现过微弱的电活动，而此处的35分钟，是常规的心肺复苏时长。

106. 对儿童进行心肺复苏需要注意哪些事项？

洪涝灾害自救互救一本通

儿童溺水者，因其年龄较小，身体比较脆弱，成人在对其进行心肺复苏时，常常会因担心按压过度对其造成伤害，而出现按压力度不足的现象，其实，按压力度不足产生的危害远远大于按压力度过大的危害。儿童溺水者的救助与成人救助方法对比，需要注意以下几点：

（1）胸外按压：如果担心双手按压力度过大，可以选择单手做胸外按压，手法与双手类似，如果单手做不到，应改为双手。按压深度约为5cm，按压频率每分钟100～120次，按压中断不能超过10秒。

（2）开放气道：开放气道方法和成人相同。

（3）人工呼吸：吹气方法与成人相同，吹气量可以比成人小一些，并观察胸廓是否隆起以判断吹气效果。

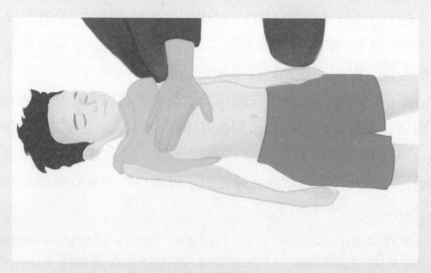

儿童溺水者心肺复苏

107. 对婴儿进行心肺复苏需要注意哪些事项？

婴儿溺水者是指一岁以下的溺水者，婴儿溺水者比儿童溺水者更加脆弱，对其进行心肺复苏与成人和儿童会有较大不同：

（1）胸外按压：婴儿溺水者的按压只需要一只手的食指和中指即可，将两指并拢，顺着胸骨的方向垂直按压婴儿两乳连线中点，按压深度4cm，按压频率每分钟100～120次。

（2）开放气道：婴儿下颌角与耳垂的连线与水平面呈30°角即可，不可过度开放气道，以免气道阻塞或损伤颈部。

（3）人工呼吸：吹气时用自己的嘴包住婴儿的口鼻，吹气量应小于成人和儿童的吹气量，看到胸廓有微微抬起即可。

按压和吹气的比例与成人、儿童相同，仍为30∶2。

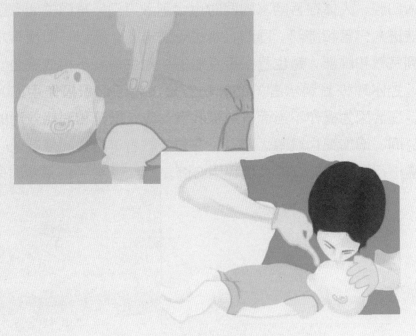

婴儿溺水心肺复苏

108. 溺水情况下的心肺复苏与日常心肺复苏有何不同？

溺水导致的心脏骤停属于窒息性心脏骤停，主要原因是水进入口腔后刺激声门，导致声门关闭而出现窒息，加之用力挣扎导致脑及全身严重缺氧，随后引起心脏骤停。因此，对溺水者的救助，供氧是急救的首要目标。所以，在为溺水者实施心肺复苏时，应当先开放气道，进行5次人工呼吸，以此为被救者提供急需的氧气，之后是常规的心肺复苏操作。

在对溺水者进行心肺复苏时，还需要注意一点，就是无需对被救者进行控水。控水是指施救者采用倒挂的姿势将进入被救者胃部及肺部的水倒出来的操作。实际上，溺水时，大部分水是被喝进胃里的。喝进胃里的水暂时对生命并没有太大威胁，而水在进入口腔，人体在吞咽水的同时也会刺激声门，声门关闭，空气无法进入气管和肺部。同时，水也无法进入，所以，即使有水进入到气管和肺部，量也是微乎其微的，对生命并不构成威胁。因此，控水对恢复溺水者的心肺功能是没有任何积极作用的，甚至，还会因为操作不当而导致被救者误吸，拖延和消耗救治的黄金时间，增加死亡概率。所以，在对被救者进行心肺复苏前，是无需进行控水的，以最大化利用心肺复苏4~6分钟的黄金时间。

109. 自动体外除颤器是什么?

自动体外除颤器（Automated External Defibrillator, AED），是一种便捷、易操作、经过短期培训即可掌握的设备。使用 AED 可及时消除室颤，并配合 CPR 可大幅提高伤患（溺水者）的生存概率。其操作方法如下：

（1）打开电源开关。

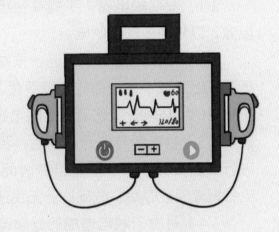

自动体外心脏除颤仪

（2）按照 AED 语音或视频指示，连接电极片并按照说明贴在固定位置（右胸上部和左胸左乳头外侧，具体位置可以参考 AED 机壳上的图样和电极板上的图片说明）。

（3）按下"分析"键，AED 自动分析心率，此时禁止触碰患者（即便是轻微的触碰都会影响 AED 分析的准确性）。

（4）分析完后如需除颤，AED 将发出指令进行除颤或者由操作者按下"放电"键除颤，同时告诉附近的其他人应远离患者。

（5）除颤结束后，AED 会再次分析心律，如未恢复有效灌注心律，操作者应进行5组 CPR，然后再次分析心律、除颤，反复至急救人员到来。

110. 如何救助触电者？

对触电者进行救助具有一定的安全风险，需要在保障自身安全的情况下进行救助，同时注意以下几点：

（1）发现触电者，不能单独用手触摸触电者，应迅速切断电源，以防更多的人触电。

（2）如果无法切断电源，救助者应穿上胶鞋或站在干的木板凳子上，双手戴上厚的塑胶手套，用干的木棍、扁担、竹竿等不导电的物体挑开受伤者身上的电线，将受伤者与电源隔离。

（3）触电者与电源隔离后，若发现心跳呼吸已停，应立即进行心肺复苏，一般抢救维持时间不应少于35分钟，直到使触电者恢复呼吸心跳，或确诊已无生还的可能。

（4）对由于触电造成的局部电灼伤的触电者，处理原则同一般烧伤一样，可用盐水棉球洗净创口，外涂"蓝油烃"或覆盖凡士林油纱布，严重者应及早送往医院，做更专业的检查和包扎。

111. 洪涝灾害受灾者常出现的心理障碍有哪些？

洪涝灾害除了会给受灾者带来人员及财产的损失，也会造成受灾者心理的障碍，主要体现在以下4个方面：

（1）在情绪方面：可能会出现焦虑、恐惧、悲伤、沮丧、易发脾气等症状。

（2）在认知方面：可能会出现反复回忆洪水中痛失家园甚至痛失亲友的情景，注意力不集中。

（3）在日常行为方面：可能会出现反复洗手、反复消毒、不敢出门、不与人交往、暴饮暴食、自责或怪罪他人、不信任他人等异常行为。

（4）在生理方面：会出现食欲下降、胃肠不适、腹痛腹泻、头痛、失眠、做噩梦、易惊吓、感觉呼吸困难或窒息、肌肉紧张等不适状况。

做梦、不安

112. 如何帮助受灾者克服心理障碍？

针对受灾者灾后出现的心理障碍，我们可以从以下几个方面对其进行心理疏导：

陪伴倾听交流

（1）陪伴：除了给救助者说一些话来安慰，更加有效的办法是对救助者的陪伴。

（2）倾听：应积极引导受灾者将自己心里不好的感受倾诉出来并耐心倾听，这样能够让他们内心的不安和焦虑情绪获得一定程度的释放。

（3）理解：受灾者的语言和行为或许会和正常人不一样，此时的他们非常脆弱，我们应该理解他们说出的语言和做出的行为（在不伤害他人利益的情况下），不致让他们存在过大压力。

（4）看心理医生：若通过以上办法还不能缓解受灾者的心理障碍，应带受灾者去正规医疗机构的精神心理科进行治疗。

113. 如何成为一名合格的被救者？

一名合格的被救者，在自己被成功救助的同时，还能够降低施救者受害的风险，并花费最少的财力、物力和人力。成为一名合格的被救者，需要注意以下几个方面：

（1）积极配合专业人员的救助，做到不给救助人员与救助工作添乱。

（2）保持积极的心态，为自己打气，信任救助人员，相信在救助人员的帮助下，自己一定能渡过难关。

（3）如果自己已经脱离险境，在自己力所能及的情况下，尽可能地协助救助人员开展救援工作。

对救护者进行纠缠是错误的行为

114. 残疾人员如何互救？

残疾人员的互救包括其他人员对残疾人员进行救助、残疾人员对他人进行救助及两者之间相互救助三种情况：

（1）其他人员对残疾人员的救助：①在日常生活中，家里如果有残疾人员，其他家庭成员可以提高残疾人员在遇到灾害时自救的意识，并教其一些正确可行的自救互救方法，也可以购买一些相关书籍让其学习。总之，采取一切办法提高残疾人员自救的意识和能力。②在遇到洪涝灾害时，不能忽视或放弃残疾人，尽力对残疾人进行救助，如果自己一个人能力不足，可以向周围人寻求帮助，一起对残疾人进行救助。③对于精神疾病者、智力极度低下者，需要尽快找到其亲人，保证救援工作的顺利进行；救助者也可自行采取对患有精神病或智力低下者有利的方式进行救助；若有必要，可采用强制措施。

（2）残疾人员对其他人员的救助。残疾人员在保障自身安全的情况下，也可以采取力所能及的方式对他人进行救助，比如扔给求助者一个易于漂浮的物品，使其漂浮在水面；向周围有能力者呼救，告知求助者的危险情况，让有能力者进行救助；给方便到达现场的人员打电话等。

（3）其他人员和残疾人员之间相互救助。其他人员和残疾人员也可以根据各自所长并结合本书中学到的知识进行相互救助。

水模拟及灾害管理
Group of Water Simulation & Flood Management

专题七　成功案例

115. 自救成功案例一：7岁女孩抱树9小时获救

1998年长江特大洪水是我国历史上造成损失最为严重的洪水之一，给人民财产、生命安全等产生了巨大的影响。但是，在这次洪灾中凭借坚强的意志完成洪水绝境中自救的例子有很多，例如江珊的自救。

1998年8月1日，在受灾最为严重的湖北省咸宁市嘉鱼县簰洲湾江段发生了溃堤，洪水像凶猛的野兽瞬间吞噬了整个村庄。当时的江珊仅仅7岁，一个人被洪水冲走。她在洪流中紧紧抱住了一棵白杨。她紧紧地抱着树干9个小时，直到第二天早晨天亮，被参与救援的湖北消防官兵发现并救了下来。

在面对没有亲人孤身一人身处洪流的情况时，7岁的小江珊并没有被恐惧情绪所控制，面对灾难，她渴望生命，没有退缩，光滑易脱落的白杨树，她一抱就是9个小时，直到被成功救援。江珊凭着她坚定的意志，积极的心理，在绝境中没有慌乱，成功地抓住最后机会，完成自救。

116. 自救成功案例二：洪水之夜，一个留守老人的自救

孤岛

2020年7月，江西省鄱阳县断断续续下了几天雨，穿县而过的西河水猛涨。据中国天气网消息，7月7日8时至7月8日8时，江西北部部分地区出现暴雨或大暴雨，局部地区出现特大暴雨。油墩街镇外河水位上升至23.7米，破1998年历史极值，超保证水位1.7米。

油墩街镇源公村的人都在传，要破圩，发洪水了。村民吴爱梅决定把家往楼上搬：棉衣被、折叠床、煤气罐、洗衣机、电冰箱，还有老伴儿的遗照。下午1点左右，圩堤破了。护卫源公村和其他4个自然村的是一座千亩圩堤崇复圩。先是距离吴爱梅家西面和南面800米左右，分别出现一处溃口。2个小时后，东面又被撕开两处。等吴爱梅回过神来，洪水已经冲进一楼，瞬间没过她的膝盖。她拖着6岁的孙子和3岁的孙女，拼命往楼上跑，水还在涨，一个小时内，漫溢过二楼地上20公分。吴爱梅不得不往三楼转移。她把一些必需品搬到顶楼，其中包括一张90厘米宽的木板床，两个孩子就安顿在床上。天色渐暗，四周漆黑一片。两个孩子害怕得哇哇大哭，吴爱梅努力镇定下来，她抱着他们，轻轻地拍打他们的后背说："没事的，奶奶在"。

供电在洪水来袭前就中断了。当吴爱梅想起拨打电话时，手机已经没电了。她站在顶楼的露台，远远地，吴爱梅看到邻居家有动静。她扯着嗓门喊问对方手机有没有电给女儿报平安。好在邻居还能通电话。晚上8点多，女儿吴美兰接到邻居打来报平安的电话。那头，孙儿孙女哭累了，偎依在吴爱梅怀里睡着了。吴爱梅轻轻地摇着花扇，为孩子们驱赶蚊虫。一整晚，她都不敢合

眼。雨停了，天空缀满了星星，亮晶晶的，困了她就抬头看看。

脱困

天渐渐亮了，吴爱梅给孩子做好了早饭，依旧守在楼顶。终于，等到了划船赶来救援的表哥吴昆山。此时二楼水已经退去，她让表哥先去救村子里被困的老人，晚点再来接他们。自己则先整理洪水侵袭过的房间。

傍晚六点多，吴爱梅和两个孩子坐上了吴昆山的船转移。一路上，只见村庄和农田已被洪水吞没，水面漂浮着杂草和木板，原本四五米高的电线此时也凌乱地横在水上。大约20分钟，安全到达婆婆家。

在突如其来的洪水中，50岁的吴爱兰凭借着自己丰富的自救经验及强大的心理素质，保护了自己及孙子和孙女免受洪水的伤害。最终在这场洪灾中顺利脱险。

117. 自救成功案例三：临海古城唯一没被淹的小区，洪水中业主的自救？

2019年8月10日，超强台风"利奇马"来袭，我国沿海多城市遭受巨大影响。在这场台风引起的大洪灾中，临海湖畔尚城小区是古城唯一没有被淹的小区，在洪水来袭的惊心动魄的12个小时里，小区上百名业主用身边的工具及掌握的自救知识，合力保住了自己的家园。

准备

小区的东门地势最低，从下午三点多开始，就有了积水。看起来，水要漫进地下车库。如果地下室被淹，大量的车子损失，停水停电，财产损失会很大，而且之后的生活也是个麻烦事。

业委会其他几名成员和业主们都到了东门。一开始，物业经理老陈拿出了防洪板和沙包。但是，没坚持多久，很快就挡不住了。他们并没有想到水涨得这么高、这么快。眼看水就要漫进来，大家统一了思想，那就是这个情况，肯定要堵！

很快，业委会成员就带人去了小区里正在装修的别墅，翻进去，把里面所有木板等可以挡水的材料，都搬了过来。另一边，大家开始发动更多的业主，有的跑去楼道，喊人。

挖沙

洪水还在涨，对他们来说，最需要的是沙包。

没有现成的，他们就想现做，他们想到，小区有几个花坛，表面铺的石块下面就是泥土。没有袋子装，有的业主把家里的米倒了出来，拿来了米袋；有的则把衣服缝了起来；有人从家里拿了被子，还有人拿了衣物。灌水的垃圾桶、广告牌，能用的东西大家都用上了。

有了东西，大家开始用锄头、铁锹挖土，由于时间紧迫，大家不顾饥饿、劳累和伤痛，和洪水争抢每一分一秒的时间。

取袋

天色暗了，水还在涨，可他们手中的沙袋依旧有限还不足以阻挡洪水。大家有些沮丧。这时，一个好消息传来，小区里有个业主正好在自来水厂，他要来了七百多个编织袋，但是外面水太大，他送不过来，需要有人去拿，可是这个时候，路上已经变成了汪洋。

一个业主从家里拿出准备好的充气艇，两个小伙子肩负起了取袋的重任。一路上水流冲击，一公里路，来回花了两个多小时，剩下的人也没闲着，挖土，接应，送饭送水，还有的检查加固堤坝。在这一天，灾难临近的时刻，平日里来往不多，并不熟悉的他们抱团成了一家人。也终于在共同努力下，他们筑起了防御洪水的最后一道防线。

守门

晚上九点多，业主收到了临海防指发的一条信息：水位已经开始退了，请大家不要恐慌。但当时大家观察，水位似乎还在涨。于是，他们决定分兵看守四个门。哪个门有危险，大家就集中力量去加固堤防，抽水。

就这样，业主们一直守到了凌晨两点多。当水位确实慢慢下降了，人们终于松了一口气，4个入口都守住了。

洪水过后，被子、米袋、垃圾桶、广告牌、球桌……这些看起来很平常的东西，静静地堵在地下车库的门口。而小区内除了洪痕，基础设施几乎完好无损。

感悟

面对一次突发的强台风和洪水，小区的业主们在救援应急物资并不充足的情况下，通过大家的团结协作和临危不乱的精神，奋力自救。最终在共同努力下，保住了自己的生命财产安全。这值得我们每个人、每个地区，甚至整个国家的人去深思，去学习。

118. 互救成功案例一：危急关头跳进洪水 成功救人

2017年5月7日，九龙镇遭遇特大暴雨，平岗河水势上涨迅猛，短短几小时，地处下游的新田村大部分区域被水淹没，广河高速下的大片农田变成一片汪洋。上午11时左右，雨势慢慢减弱，但洪水仍然未退。在新田村庄记菜场工作的贵州来穗务工人员杨妹和丈夫因为来不及撤离，被大水围困。没多久，杨妹他们居住的房屋就被洪水冲毁了，身体瘦小的杨妹也被汹涌的水流卷走了。

当时何刘兴注意到，杨妹的丈夫用手指着远处，一个劲地哭。刘兴注顺着他手指的方向看过去，看到被大水冲走的杨妹紧紧地抱着50米开外的电线杆。有几名治安联防队员尝试向杨妹游过去实施救援，但是水太深太急一直都游不过去，救援行动始终没有成功。

何刘兴眼看着救援行动迟迟没有成功，并且抱着电线杆的杨妹因泡水时间过长，体力透支，再加上心理上的恐惧，随时都可能松手，面临再次被大水冲走的危险。

危急之下何刘兴连鞋子都来不及脱，拿着绳子立刻下水朝杨妹游过去。游到杨妹身边后，为防止杨妹被大水再次冲走，何刘兴用绳子将她绑在电线杆上，安慰她耐心等待。

过了一会儿，救援人员的救援行动还是没有成功，一直让杨妹泡在水里也不是个办法，随时会有生命危险。何刘兴决定又游回浅水处与村委工作人员商量救援方法。何刘兴说，杨妹那块水深大概有2.5米，为了确保救援成功，他需要一根更长更结实的绳子，把一头系在电线杆上，另一头由岸上的人员拽住往回拉。村委工作人员立马拿来了一根更长更结实的绳子，何刘兴拖着绳子再一次游向杨妹，并将杨妹捆在自己背后。由于当时水流太急了，岸上的救援人员担心何刘兴和杨妹二人的安危，有两名水性较好的村民自告奋勇地跳到水中协助救人，旁边的其他村民就一起用劲把绳子往回拽。最终，何刘兴和杨妹在大家的共同努力下成功到达安全地带，随后杨妹被紧急送往医院进行治疗。

杨妹在面对2.5米高的洪水时，牢牢抱住电线杆等待救援；杨妹的丈夫在杨妹被洪水冲走的情况下，没有盲目下水，指着杨妹所在地并大声哭泣，引起他人的注意；何刘兴在救援队救援无果的情况下，立即开展救援，在自身实施不了救援行动的情况下，首先保证落水者的安全，再与他人一起对落水者进行救助。整个过程大家配合紧密，落水者不放弃，施救者不抛弃，最终实现对杨妹的救助。

119. 互救成功案例二：朱传新暴雨中勇跳洪水救人

受台风"利奇马"影响，2019年8月11日，山东省淄博市博山区博山镇上结老峪村连续下了两天暴雨后，河道内水位大涨。

早上5点，天刚放亮，上结老峪村村主任朱传新像往常一样出门，到村里查看受灾情况。9点多，朱传新去村里贫困户、五保户和残疾人家里查看房屋受灾情况。当他路过下结村村委北的河堤时，突然听到有人喊："河里还有一个女的！"他连忙顺着声音望过去，发现有几个村民正在河边围着，还有一个男子在岸上躺着，看样子像是刚被从水里救上来的。他立马冲到河边，果然看到大概40米远处河水里，一个女子死死地抓着桥墩上的石头，情势十分危急，稍有不慎，后果不堪设想。

朱传新顾不上别的，马上下水，跳入湍急的水流，向那女子靠近。由于河水上涨的原因，水流太急，并且水泥砌成的渠岸也变得十分光滑，渠岸与水面成45度角，根本站不稳，导致朱传新一时没有办法靠近该女子。就在这时，住在附近的村民迅速从家里取来绳子递到朱传新手上，朱传新一边大声鼓励水里的女子再坚持一会儿，一边用力探出身体，把绳子系在该女子身上。系好绳子后，他正准备和村民一起用力把该女子拉上来的时候，绳子突然断了！

然而，这时雨下得更大了，该女子的情况十分危急，她的身体慢慢地往下滑，眼看着就要抱不住桥墩上的石头了。在这危急的关头，立刻又有热心的村民从家里拿来新的绳子，朱传新看到那女子已经严重体力不支，怕她失去信心，坚持不住，于是一边大声对她喊："你放心，我无论如何一定要把你救上来！"一边用力探着身体给她重新系绳子。终于，绳子又一次牢牢绑在了该女子身上。

　　为了避免再次出现绳子断了的情况，朱传新不顾自身安危立马下到渠道中，顺着渠流水势，缓缓游到落水女子身边，拼尽全身力气将该女子抓住，并立马用手臂托住她，避免她呛水，随后努力向岸边游去。当靠近岸边时，村民们齐心协力，他们一道用力把女子拉上了岸。

　　该女子落水后死死抓住光滑的石头，始终没有放弃，等待救援；朱传新与村民在发现落水女子后，积极开展救援，在第一次救援失败后，立即开展第二次救援，在发现该女子体力不支时，立马大声鼓励，让她不要放弃，相信大家能救她上来，最终实现对该女子的救助。

120. 互救成功案例三：生死瞬间！三入洪水救人的"最美身影"

2019年6月10日早上，江西省赣州市全南县大吉山镇乌桕坝村因为洪水漫过河堤发生倒灌，导致镇里街道的水位迅速上涨，短短几分钟就达到1米多深，不一会儿就淹没了一些地势低洼处的房屋。

7时30分左右，家住乌桕坝圩街边的护林员李益军听到有人喊"救命"，发现在离他家不远处，三名初中生正从洪水中的一辆面包车里往外爬。眼看洪水就要淹没车顶了，他衣服都没来得及脱赶紧跑下楼，冲进洪水中去救人。

在李益军蹚向车边的过程中，一名学生突然被洪水从上游冲了下来，李益军发现这名男孩被气势汹汹的洪水冲得快要站不住了。危急关头，李益军三步并做两步地蹚过洪水，迅速冲到男孩身边，用胳膊一把将他搂住。此时，发现另一名学生已经坐在了车顶上，还不断有杂物被洪水裹挟而下，随时都有可能将该男孩砸倒。李益军拖着刚被救起的男孩，迎着洪水，立马朝车跟前游过去，把车顶的男孩成功解救，一刻都不敢耽搁地拖着被救起的两男孩往地势较高的安全地带转移。

还没来得及喘口气，他又听见有村民在对面房屋的楼顶呼喊："那边还有一个男孩在洪水里"，李益军赶紧顺着村民手指的方向游过去，也顾不上石头把腿给划破了，再一次扎进了充满危险的洪水中，以最快的速度朝着该男孩游过去。然而，等李益军游到跟前才发现，在洪水中看不清男孩的具体位置，只能隐约地看到他的头发和摆动着的手，李益军再次跳进洪水，多捞了几下终于将男孩抓住。

李益军在抓住第三个男孩之前已经在湍急的洪水里救了两个男孩，此时体力已经严重透支，稍有松懈可能就坚持不下来了，但是凭着惊人的意志和顽强的求生欲望，他还是咬着牙把第三个男孩推上了附近的围墙，自己也用尽最后的一丝力气，攀着学校围墙里面大树长出来的树枝，艰难地爬上了围墙。不一会儿，就听见后面"轰"的一声，发现附近的一堵围墙让洪水冲塌了。李益军硬撑着把这个男孩转移到安全地带。

三个学生，在面对洪水即将淹没车顶的危急时刻，立刻想办法从车里爬出来，避免了车门打不开被困车中的难以被救的险境。被洪水冲走的学生努力保持站立，等待救援、坐在车顶的学生不盲目下水，尽量保证自身安全、被卷入洪水中的学生被救不胡乱扑腾，配合救援。最终被面对洪水而临危不惧，面对洪水险情而奋不顾身的李益军救了上来，四人协力成功实现了洪水中的互救行动。

参 考 文 献

程晓陶，2020. 抗疫之中对防汛系统补短板的思考. 中国防汛抗旱，30（5）：1-4.

程晓陶，吴玉成，王艳艳，等，2004. 洪水管理新理念与防洪安全保障体系的研究. 北京：中国水利水电出版社.

国家防汛抗旱总指挥部办公室，水利部南京水文水资源研究所，1997. 中国水旱灾害. 北京：中国水利水电出版社.

金庸的小迷弟. 98年特大洪水中，一7岁女孩抱树9小时后获救，如今她现状如何？[EB/OL].(2020-02-10)[2020-12-04].http://k.sina.com.cn/article_5737123512_155f58eb8001015gb6.html.

李超超,程晓陶,申若竹,等. 城市化背景下洪涝灾害新特点及其形成机理. 灾害学，2019，34(2):57-62.

澎湃新闻. 洪水之夜，一个留守老人的自救. (2020-07-25)[2021-05-08].https://baijiahao.baidu.com/s?id=1672736104173795118&wfr=spider&for=pc.

汪达，汪丹，2017. 浅析我国七大流域洪涝灾害及其防治. 水利发展研究,17(1):51-53,70.

王琳. 朱传新：暴雨中勇跳洪水救人. (2020-05-27)[2020-12-04].http://www.dzwww.com/2012/sdhrmzzx/mzzxzs/202006/t20200606_19682712.htm.

玮珏，2013. 洪水防范与自救. 石家庄：河北科学技术出版社.

向立云，2011. 防洪减灾体系概要. 中国防汛抗旱，21(2):10-11.

叶守泽，2013. 水文水利计算. 武汉：武汉大学出版社.

张溪纯. 临海古城唯一没被淹的小区 洪水中业主如何自救的？(2019-08-13)

[2020-12-04].https://3g.163.com/local/article/EMEMDT7404098FC3.
html?from=dynamic.

邹铭，史培军，周武光，等，2002. 中国洪水灾后恢复重建行动与理论探讨 [J].
自然灾害学报（2）：25-30.

Admin. 生死瞬间！三入洪水救人的"最美身影".(2019-06-21)[2020-
12-04]. http://www.dzwww.com/xinwen/shehuixinwen/201906/
t20190621_18857239.htm.

Fanwen. 危急关头 两度跳进洪水救人 . (2017-12-05)[2020-12-04]. https://
news.dayoo.com/guangzhou/201712/05/150080_51978794.htm.